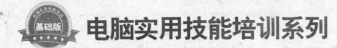

基础版

电脑实用技能培训系列

电脑汉字录入

快速通

欧阳飞 编

基础学习**快**上加快

实际应用**速**战速决

难点疑点一**通**百通

西北工业大学出版社

【内容简介】 本书为电脑实用技能培训系列图书之一。全书从实用性、通俗性出发，全面介绍了电脑基础知识、Windows XP 操作系统、键盘的正确操作、输入法概述、五笔字型输入法、五笔字型汉字拆分和输入、五笔字型的简码和词组、五笔字型输入法技巧、王码五笔字型输入法 98 版和 Word 排版知识。章后附有小结及习题，使读者在学习时更加得心应手，做到学以致用。

本书结构合理，内容系统全面，讲解由浅入深，实例实用丰富，既可作为社会培训班实用技术的培训教材，也可作为高职院校及中职学校计算机基础课程教材，同时也可供电脑爱好者自学参考。

图书在版编目（CIP）数据

电脑汉字录入快速通/欧阳飞编. —西安：西北工业大学出版社，2010.4
（电脑实用技能培训系列）
ISBN 978-7-5612-2778-7

Ⅰ．①电…　Ⅱ．①欧…　Ⅲ．①汉字信息处理—基本知识　Ⅳ．①TP391.12

中国版本图书馆 CIP 数据核字（2010）第 075398 号

出版发行：西北工业大学出版社
通信地址：西安市友谊西路 127 号　　邮编：710072
电　　话：（029）88493844　88491757
网　　址：www.nwpup.com
电子邮箱：computer@nwpup.com
印　刷　者：陕西百花印刷有限责任公司
开　　本：787 mm×1 092 mm　　1/16
印　　张：8
字　　数：215 千字
版　　次：2010 年 4 月第 1 版　　2010 年 4 月第 1 次印刷
定　　价：15.00 元

前 言

21 世纪是信息时代，是科学技术高速发展的时代，也是人类进入以"知识经济"为主导的时代。电脑已经成为连接世界各个角落的工具！学会了电脑，就等于在眼前打开了一扇窗，让人们看到外面的世界，真正做到足不出户，便知天下事。

电脑虽然是一种高科技产品，但其应用已经日渐"大众化""简单化"，大多数人不必费心去了解电脑的原理，只要知道怎么应用就可以了。学会了使用电脑，可以说不仅是改变了一种观念，更多的是增添了一种技能。尽管最初可能只是掌握了电脑的一些基本操作，但却为今后的工作、学习和生活打下了坚实的基础。

为此，我们根据《国家教育事业发展"十一五"规划纲要》的指示精神，结合初学者的接受能力和社会的基本需求，精心策划和编写了"电脑实用技能培训系列"图书，《电脑汉字录入快速通》就是其中之一。

本书内容

本书在介绍五笔字型输入法与 Word 2003 排版技术的同时，还介绍了 Windows XP 操作系统的使用方法，确保读者全面系统地掌握有关知识。即使是对计算机不太熟悉的读者，通过学习本书，也能够较快地掌握汉字录入的基本知识，进而应用在工作和生活中。

全书共分 10 章。其中第 1 章主要介绍了电脑的基础知识；第 2 章主要介绍了 Windows XP 操作系统，包括 Windows XP 的基本操作、管理文件资源、控制面板等内容；第 3 章主要介绍键盘的正确操作；第 4 章主要介绍输入法，包括输入法的基本操作、智能 ABC 输入法、微软拼音输入法等内容；第 5~8 章系统地介绍了 86 版五笔字型汉字输入法的编码规则、汉字拆分和输入、简码和词组、五笔字型输入法技巧等内容；第 9 章主要介绍王码五笔字型输入法 98 版；第 10 章系统地介绍了 Word 2003 的排版知识，包括文档的基本操作、输入与编辑文本、格式化文本、表格操作、图文混排、文档的打印输出等内容。

本书特点

（1）选取市场上应用最普遍的中文版本，突出"易操作、好掌握"的特点。

（2）结构合理，内容系统全面，语言通俗易懂，讲解由浅入深，图文并茂，详略得当，为初学者量身定制。

（3）从实用性、通俗性出发，将知识点融入每个实例中，做到以应用为目的。

（4）书中贯穿有"注意""提示""技巧"小模块，且章后附有习题，以供读者快速掌握，学以致用。

 读者定位

（1）需要接受计算机职业技能培训的读者。

（2）全国各高职及中职院校相关专业的师生。

（3）计算机初、中级用户。

由于编者水平有限，错误和疏漏之处在所难免，希望广大读者批评指正。

编　者

目　录

第 1 章 电脑基础知识

随着微型电脑的出现以及电脑网络的发展，电脑应用已渗透到社会的各个领域，它不仅改变了人类社会的面貌，而且也改变了人们的生活方式。因此，在 21 世纪的今天，掌握和使用电脑逐渐成为每个人必不可少的技能。

本章要点

- 电脑的特点与应用
- 怎样学好电脑
- 电脑的组成
- 电脑外设的连接
- 电脑的开机和关机
- 电脑的安全

1.1 电脑的特点与应用

电脑是一种高度自动化的、能进行快速运算的电子设备，是用来对数据、文字、图像、声音等信息进行存储、加工与处理的有效工具，它的诞生彻底改变了人们的生活。我们常见的电脑大都是微型计算机（又称微机）。下面简单介绍它的特点和应用。

1.1.1 电脑的特点

电脑之所以获得空前广泛的应用，与其本身的特点是分不开的，电脑的特点主要有以下几点：

1．记忆能力强

在计算机中有一个承担记忆职能的部件，称为存储器。它能够存放大量的数据和信息，具有超强的记忆能力，并且非常准确。

2．运算速度快

计算机的运算速度一般是指单位时间内执行指令的平均条数。一台每秒运算一亿次的微型计算机，在 1 秒钟内完成的计算量，就相当于一个人用算盘工作数十年的计算量。

3．计算精度高

计算机的计算精度取决于计算机的字长，而不取决于它所用的电子器件的精确程度。计算机的计算精度在理论上不受限制，一般的计算机均能达到 15 位有效数字，经过技术处理可以满足任何精度要求。计算机精确而快速地计算为人们争取了时间，特别是对于那些计算量大、时间性又强的工作，如天气预报、火箭飞行控制等，使用计算机的意义就特别大。

4．逻辑判断能力强

计算机不仅能进行算术运算，还具有逻辑判断能力。例如，对两个信息进行比较，根据比较结果，自动确定下一步该做什么。有了这种判断能力，计算机可以很快完成逻辑推理、定理证明等逻辑加工方面的工作，大大扩展了计算机的应用范围。

5．自动控制能力强

程序是人经过仔细规划，事先设计好并存储在计算机中的指令序列。计算机是一个自动化的电子装置，它采取存储程序的工作方式，能够在人们预先编制好的程序的控制下自动而连续地运算、处理和控制，这给很多行业带来了方便。人们可以利用计算机去完成那些枯燥乏味、令人厌烦的重复性工作，也可以让计算机控制机器深入到有毒、有害的作业场所，从事人类难以胜任的工作。

6．通用性强

计算机既能进行算术运算又能进行逻辑判断，不仅能进行数值计算，还能进行信息处理和自动控制，具有很强的通用性。

总之，程序存储、程序控制和数字化信息编码技术的结合使计算机的功能越来越强大，使用也变得越来越容易。

1.1.2　电脑的应用

在科技高速发展的今天，计算机主要应用于科研、生产、国防、文化、教育、卫生及家庭生活等各个领域，计算机的发展促进了生产力的大幅度提高。下面将介绍其主要应用领域。

1．科学计算

科学计算是电脑最早的应用领域，高速、高精确的运算是人工运算望尘莫及的，现代科学技术中有大量复杂的数值计算，如军事、航天、气象、地震探测等领域，都离不开电脑的精确计算，从而大大节省了人力、物力和时间。

2．数据处理

数据处理也称为事务处理，可对大量的数据进行分类、排序、合并、统计等加工处理，例如人口统计、人事或财务管理、银行业务、图书检索、仓库管理、预定机票和卫星图像分析，数据处理已成为计算机应用的一个重要方面。

3．过程控制

过程控制也称为实时控制，主要是指电脑在工业和军事方面的应用。电脑能及时采集数据、分析数据、制定最佳方案进行自动控制，不仅可以大大提高自动化水平、减轻劳动强度，而且可以大大提高产品质量及成品合格率。

4．人工智能

人工智能（Artificial Intelligence，简称AI）是利用电脑模拟人的思维方式，使电脑能够像人一样具有识别文字、语言、图像及声音等能力，例如下棋、作曲、文字翻译等。

5．计算机辅助系统

计算机辅助设计是近几年迅速发展的一个新的应用领域。利用计算机辅助系统代替人的工作，可大大减轻人的劳动强度，缩短工作周期，提高效益。目前，常见的辅助系统有计算机辅助设计（CAD）、计算机辅助教学（CAI）、计算机辅助制造（CAM）、计算机辅助测试（CAT）等。

6．电子商务

电子商务（E-Business）是指通过计算机网络所进行的商务活动。目前，电子商务主要在因特网上展开。许多公司已经开始通过外联网与客户和供货商联系，在网上进行业务往来。电子商务可增加商业机会，改善售后服务，缩短产品和资金的周转时间。

7．网络通信

网络通信是指利用计算机网络实现信息的传递、交换和传播。随着外联网的快速发展，人们很容易实现地区间、国际间的通信以及各种数据的传输与处理，从而改变人们的时空概念。

1.2　怎样学好电脑

电脑的功能如此强大，又与我们的生活息息相关，那应该怎样才能学好电脑呢？下面给出一些适用的学习方法供用户参考。

（1）在开始学习之前，首先应了解自己学习电脑的目的。需要购买的电脑、需要安装的软件以及所需的参考资料，这些问题可以请教熟悉电脑的专家或朋友。

（2）装好机并购买了相应的软件及参考书后，就可以开始学习电脑了。此时应了解有关电脑的基本常识，如电脑由哪几个部分组成，它能做什么？初学者在学习过程中没有必要深究某些名词的详细含义、背景及计算机方式和语言环境等。

（3）尝试电脑的基本连接，简单的开关机操作和程序运行，了解并掌握一些操作过程中的注意事项、技巧。如遇到自己无法解决的问题，可以查看参考书、请专家或熟悉电脑的朋友解决。

（4）使用简单的工具软件或程序的简单功能，待出现结果后，马上保存，并养成整体控制电脑的良好学习习惯，避免局限于某个功能或软件的一些局部菜单的运用。

（5）学会了这些基本操作后，可尝试运行更多的软件和功能，在此之前，应根据自己学习电脑的目的购买一些新的软件或增加必要的外设。

（6）积累一定的经验后，再来学习系统和软件的工作原理及高级使用方法，可以对系统和软件有更深一步的认识和理解。若能达到举一反三，则说明有了一定的学习方法与基础，为以后快速学习和掌握其他的电脑知识打下良好的基础。

（7）根据各自的学习目的，有针对性、系统地学习相关软件，只有通过不断地上机操作与练习，并结合实际工作才能达到熟练使用电脑的目的，电脑不像其他课程通过理论学习即可，上机练习和必要的操作及主动思考各种使用方法是学好电脑的关键所在。

以上的学习方法虽简单但实用，能帮助您快速进入电脑学习状态。

1.3　电脑的组成

电脑是由硬件和软件两大部分组成的。它们既相互依存，又互为补充。电脑硬件的性能决定了电脑软件的运行速度、显示效果，而电脑软件则决定了电脑可进行的工作。硬件是电脑系统的"躯体"，软件是电脑的"头脑和灵魂"，只有将这两者有效地结合起来，电脑系统才能成为有生命、有活力的系统。

1.3.1 硬件系统

硬件系统是由运算器、控制器、存储器、输入设备和输出设备5大部分组成，从外观上看电脑的硬件系统包括主机、显示器、键盘、鼠标、音箱等，如图 1.3.1 所示。

图 1.3.1 硬件系统

一般把电脑机箱及其内部的所有硬件合称为主机，其他各种类型的输入输出设备及存储设备统称为外设。

1. 主机

从外观上看，主机主要包括主板、中央处理器（CPU）、内存条、显卡、声卡、网卡、硬盘、光驱、电源和机箱等部件。

（1）主板。主板是电脑机箱内最大的一块电路板，它是组成电脑的主要电路系统，其性能的好坏直接决定电脑的整体性能。主板上主要包括 CPU 插座、内存插槽、总线扩展槽以及串行和并行端口等，如图 1.3.2 所示。

（2）中央处理器。中央处理器就是通常所说的 CPU，它由控制器和运算器两个部件组成。运算器用于对数据进行算术运算和逻辑运算；控制器用于对程序所执行的指令进行分析，并协调电脑各个部件的工作。CPU 在很大程度上决定了电脑的基本性能，它是电脑的"大脑"，用来控制管理电脑各个部分的正常运行，其外观如图 1.3.3 所示。

（3）内存条。内存条是电脑 CPU 与硬盘之间传输数据的桥梁，它的主要功能是存放数据、执行命令、存储结果，并根据需要写入或者读出数据，如图 1.3.4 所示。

图 1.3.2 主板　　　　　　　图 1.3.3 中央处理器　　　　　　　图 1.3.4 内存条

（4）显卡。显卡是电脑中控制图形、图像输出的重要组成部分，显卡的优劣直接影响图形、图像的输出效果，如图 1.3.5 所示。

（5）声卡。声卡是电脑中处理声音信息的重要组成部分，对于一些多媒体制作者来说，声卡起着非常重要的作用，如图 1.3.6 所示。

（6）网卡。网卡在电脑中的主要作用就是连接到 Internet 或者是连接局域网，如图 1.3.7 所示。

图 1.3.5 显卡   图 1.3.6 声卡   图 1.3.7 网卡

（7）光驱。光驱是计算机读取外部信息的一个重要设备，如图 1.3.8 所示。如果安装的是带有刻录机的，那么电脑可以将数据通过刻录机写入光盘。

（8）硬盘。硬盘是电脑用来存储数据的设备，如图 1.3.9 所示。硬盘的容量一般有 80 GB，120 GB，160 GB，250 GB，300 GB，目前还有更大容量的硬盘。

图 1.3.8 光驱   图 1.3.9 硬盘

（9）机箱和电源。机箱是用来固定电脑全部硬件的装置，电源是电脑的供电装置，如图 1.3.10 所示。

图 1.3.10 机箱和电源

2. 外设

外设主要由显示器、键盘、鼠标、音箱、游戏控制器、打印机和扫描仪等组成。

（1）显示器。显示器是电脑最基本也是最常用的输出设备，其主要功能是把电脑处理过的结果以图像的形式显示出来。常见的显示器有 CRT 显示器和 LCD 显示器两种，如图 1.3.11 所示。

图 1.3.11 CRT 显示器和 LCD 显示器

（2）键盘和鼠标。键盘是电脑系统中最基本的输入设备，用户可通过键盘向电脑输入各种命令。鼠标作为视窗软件或者绘图软件的首选输入设备，在应用软件的支持下可以快速、方便地完成某个特定的功能。键盘和鼠标的外观如图 1.3.12 所示。

图 1.3.12　键盘和鼠标

（3）音箱。音箱用于对声音信号进行还原再现。随着人们生活水平的不断提高，人们对音箱品质的要求也越来越高，如图 1.3.13 所示。

图 1.3.13　音箱

（4）打印机。打印机是电脑的输出设备，它可以把电脑处理过的数据信息打印在纸上，便于人们使用，如图 1.3.14 所示。根据打印原理的不同，可将打印机分为针式打印机、喷墨打印机和激光打印机 3 种。

（5）扫描仪。扫描仪通过光学原理将文档、照片、图片等转化成电脑能识别的数字信号，再经过电脑处理，成为对人们有用的信息，如图 1.3.15 所示。

图 1.3.14　打印机　　　　　　　　　　图 1.3.15　扫描仪

1.3.2　软件系统

只安装硬件的电脑称之为"裸机"，它不能够独立完成任何具有实际意义的工作。一台电脑的整体性能取决于硬件系统和软件系统两个方面，只有将性能卓越的硬件与功能强大的配套软件有机结合起来，才能更好地发挥电脑的功能。

软件是根据解决问题的方法、思想和过程编写的程序的有序集合。人们通过软件控制电脑各部件和设备的正常运行，软件按照其功能可以分为系统软件和应用软件。

（1）系统软件是为管理、监控和维护电脑资源所设计的软件。操作系统是最重要的系统软件，它是用来管理电脑硬件资源的基本程序，通常具有进程管理、存储管理、文件管理、网络管理及作业管理等功能。目前，比较流行的操作系统有 Windows XP，Windows Vista 等。

（2）应用软件是指专门为某一领域编制的软件，如要编辑文档，可以使用 Word 2003；要播放电影，可以使用 Windows Media Player，这些软件都属于应用软件。

1.4　电脑外设的连接

购买电脑后，接下来的工作就是连接电脑的各个部件。一般情况下，电脑销售商会帮助用户安装主机箱内部的部件，而电脑的外设，如显示器、电源、键盘、鼠标、音箱和网线等则需要用户自己安装。不少用户认为电脑的连接很复杂，因为越先进的电脑需要连接的部件就越多。其实，电脑外部设备的连接并不难，而且电脑厂家在生产电脑时已充分考虑了连接的方便性，并设法避免因连接不当而造成设备的损坏。

1.4.1　显示器的连接

在显示器的背后有两根线，将带有针形插头的显示器数据信号线与电脑主机箱背面的显卡输出接口相连并拧紧信号线两边的紧固螺钉，避免接触不良造成画面不稳定的现象，如图 1.4.1 所示。再将显示器电源线的另一端插在电源插座上。

图 1.4.1　连接显示器

提示：连接显示器时，根据显示器的不同，有的将显示器的电源线连到主机，有的直接连到电源插座上。插线时应注意插口的方向，对准缺口方向再插，以免折断针头，损坏设备。

1.4.2　键盘、鼠标的连接

键盘、鼠标的连接方法如下：

（1）PS/2 接口的连接：将键盘、鼠标插头接到主机箱背面的 PS/2 圆形接口上，通常键盘接口为紫色，鼠标接口为绿色，如图 1.4.2 所示。

图 1.4.2　连接鼠标、键盘

（2）USB 接口的连接：USB 键盘、鼠标的连接，只要将它们的 USB 端口与机箱上的 USB 接口相连即可。

1.4.3 音箱的连接

在主机箱的背面有 3 个排列在一起而颜色不同的圆形插孔，红色的是麦克风接口，绿色的是音频输出接口，蓝色的是音频输入接口。把音箱或耳机插入绿色的音频输出接口；麦克风插入红色接口，而蓝色接口多用于接入电视卡的音频信号线。

1.4.4 电源线的连接

电源线的连接方法如下：

（1）准备好电源线，将电源线的楔形端与主机电源的接口连接，另一端直接与外部电源相连，如图 1.4.3 所示。

（2）接下来需要连接显示器的电源线，和机箱电源线连接相似，楔形的一端插入显示器的背部，另一端插到电源插座上，如图 1.4.4 所示。

图 1.4.3　主机电源线的连接　　　　　　　图 1.4.4　显示器电源线的连接

在打开电脑电源之前，应该仔细检查电源插座是否插好、各接口电缆线是否插牢。注意各部件与主机之间数据线与电源线不要拉得太紧，以免受到外力牵引造成接触不良；一些过长的电线可以用塑料绳将它们系住，以免桌面过于混乱。

1.5　电脑的开机和关机

同日常使用的各种电器一样，电脑只有在接通电源后才能工作。但由于电脑比日常使用的其他家用电器要复杂得多，因此，只有正确地开关机，才可以安全地使用电脑。

1.5.1 启动电脑

电脑的启动可以分为冷启动、热启动和复位启动 3 种方式。

1. 冷启动

冷启动的操作方法如下：

（1）打开电源开关，按显示器的开关按钮，电源指示灯亮表示已打开显示器，接着打开其他外部设备的电源。

（2）按主机箱上的"Power"按钮，显示灯亮表示已打开主机。

（3）电脑开始自动运行，并显示启动界面，表示已经成功启动电脑并进入操作系统。

注意： 按以上顺序启动电脑后，系统将开始自检，开机自检完毕后，稍等片刻即可进入 Windows 操作系统界面。但如果 Windows 操作系统设置了多个账户和密码，则要输入正确的账户名和密码才能进入。

2．热启动

在电脑运行状态下，若遇到死机现象，则可以热启动电脑。按"Ctrl+Alt+Del"组合键，在弹出的对话框中选择"关机→重新启动"命令即可重新启动电脑。

3．复位启动

复位启动是指已进入到操作系统界面，由于系统运行中出现异常且热启动失效所采用的一种重新启动电脑的方式。其方法是按主机箱上的"Reset"按钮重新启动电脑。

提示： 由于程序没有响应或系统运行时出现异常，导致所有操作不能进行，这种情况称为"死机"。死机时首先进行热启动，若不行再进行复位启动，如果复位启动还是不行，就只能关机后进行冷启动。

1.5.2 关闭电脑

电脑使用完后需要将其关闭，如果直接关闭电脑的电源，这样不但会丢失保存的信息，也容易损坏电脑，因此必须掌握关闭电脑的正确方法。

关闭电脑分两种情况：一是在正常情况下关闭；二是在意外情况下关闭。

1．正常情况下关闭

先关闭所有已经打开的应用程序，然后单击 开始 按钮，在弹出的"开始"菜单中选择 关闭计算机(U) 命令，在弹出的 关闭计算机 对话框中单击"关闭"按钮 ，系统将自动保存有关信息，并关闭电脑，最后关闭显示器及电源总开关。

2．意外情况下关闭

在意外情况下关闭电脑，也不能直接关闭电源插座，这时需按住主机箱上的"Power"按钮不放，3 秒钟后电脑自动断电，表示电脑已被关闭。

1.6 电脑的安全

只有正确、安全地操作电脑，并加强日常对电脑的维护保养，才能充分发挥电脑的性能，延长电脑的使用寿命。

1.6.1 电脑的使用环境

（1）洁净。电脑和人类一样，也需要一个良好的工作环境。电脑应该在干净、少灰尘的地方使用，要时刻保持键盘、鼠标、显示器和机箱的干净整洁，因为灰尘对电脑的性能和寿命有一定的影响。灰尘很容易受到热物件或磁场的吸引而附着在元器件表面，如果机箱、键盘、鼠标和显示器上有灰尘，应该用清水或中性洗洁精及时擦洗，在擦洗时要防止污水流入机箱内。

（2）温度。电脑在工作时也需要舒适的温度，温度过高，机箱内的散热性能差，会使电脑主机工作不稳定，驱动器难以正常工作；温度过低，容易造成驱动器对磁盘读写的信息错误。所以在使用电脑时，注意电脑工作环境的温度。一般情况下，电脑的工作温度应该保持在 16～26℃。

（3）湿度。湿度对电脑所造成的影响不可忽视，湿度过大，会使元器件受潮，引起氧化，造成接触不良或短路；而湿度太低，则容易造成静电，同样对配件不利。电脑工作环境的湿度应该保持在 40%～80%之间。

（4）磁场。电脑不能在有强磁场的环境下工作。电脑的外部存储材料都是磁材料，较强的磁场会使显示器产生花斑、抖动等现象，也会造成硬盘上的数据丢失。因此，电脑在工作时应远离强磁场，以免受其干扰，引起系统故障。

（5）静电。静电对电脑的影响也很大，人体累积的静电可高达几千伏，当与电脑接触时，会通过主机电路释放到大地，这时会出现显示器显示混乱、系统死机等现象。许多奇怪的现象都是由静电引起的，因此，用户应该采取预防措施。例如，在操作电脑之前，先用手触摸一下地线放掉静电或者穿上不易产生静电的工作服等。

1.6.2　电脑的维护

电脑的很多故障都是人为的错误操作所引起的，所以必须养成良好的操作习惯。

（1）正确开关机。

1）正确的开机顺序是：打开电路电源→打开显示器电源→打开主机电源。

2）正确的关机顺序是：关闭主机电源→关闭显示器电源→关闭电路电源。

注意：在每次关机时，先要退出所有的应用程序，再按正确的关机顺序进行关机，否则有可能损坏应用程序。不要在驱动器灯亮时强行关机，也不要频繁地开关机，每次开关机之间的时间间隔不要小于 30 s。

（2）不带电操作。不要在带电的情况下对电脑进行硬件的添加，更不要在带电的情况下插拔电脑配件，这样很容易烧毁配件。严禁在电脑运行过程中插拔电源线和信号线。

（3）防震。轻易不要移动或震动电脑，即使要移动它，也要先断掉电源，轻拿轻放，以避免由于震动而造成的划伤或损坏。

（4）防毒。在使用电脑时，一定要加强病毒的防范意识，目前病毒泛滥，无孔不入。在使用来历不明的光盘、U 盘等时，先要对其进行查毒，即使使用完之后，也要对电脑进行一次全面的扫毒，以避免病毒引起的故障。

1.7　实例速成——光驱的放入与弹出

当用户需要安装软件时，首先要做的就是将含有软件安装程序的光盘放入光驱，其具体操作步骤如下：

（1）准备好一张光盘。

（2）启动电脑后，找到主机箱上光盘驱动器的位置。

（3）按下机箱上光驱的"弹出/弹入"按钮，弹出光盘托架。

（4）用中指穿过光盘中的小孔，拇指紧靠光盘边缘，用拇指和中指即可将光盘牢牢夹住，并将光盘有标识（即有文字）的一面向上，无标识的一面向下放入光盘托架中。

（5）光盘使用完毕后，观察光驱指示灯，若指示灯处于灯亮状态，就等待指示灯熄灭。

（6）指示灯熄灭后，按下机箱上光驱的"弹出/弹入"按钮，弹出光盘托架。

（7）用中指穿过光盘中部的小孔，拇指紧靠光盘边缘，将光盘从托架中轻轻取出，放进装光盘的袋子或盒中。

（8）再按机箱上光驱的"弹出/弹入"按钮，将光盘托架弹入即可。

本 章 小 结

本章主要介绍了电脑的特点和应用、怎样学好电脑、电脑的组成、电脑外设的连接、电脑的开机和关机、电脑的安全等内容。通过本章的学习，用户可以从整体上认识电脑，并了解电脑病毒与安全的基础知识。

轻 松 过 关

一、填空题

1．电脑的硬件系统主要由_____、_____、_____、_____和_____五大基本部件组成，其中以_____为中心。

2．_____是电脑主机与显示器之间的"桥梁"，它负责电脑的图形、图像输出。

3．冷启动时可按主机上的_____按钮，复位启动时可按主机上的_____按钮，热启动时可按_____组合键。

4．计算机的环境温度一般以_____为宜，温度太低会影响_____，温度太高则不利于_____。

二、选择题

1．一个完整的电脑系统包括（　　）。

  （A）硬件系统和软件系统　　　　　　（B）主机和外设

  （C）硬件系统和应用软件　　　　　　（D）微处理器和输入/输出设备

2．在电脑中，平时使用的操作系统、办公软件、游戏软件等都存放在（　　）中。

  （A）内存　　　　　　　　　　　　　（B）硬盘

  （C）CPU　　　　　　　　　　　　　（D）主板

3．复位启动的操作方法是（　　）。

  （A）按下主机上的电源开关

  （B）按下主机上标有"Reset"字样的按钮

（C）在 Windows 操作系统中按"Ctrl+Alt+Delete"（或"Ctrl+Alt+Del"）组合键

（D）按下显示器上的电源开关

4. 在电脑主机的背面有许多接口，其中键盘接口为（　），鼠标接口为（　）。

（A）绿色 　　　　　　　　　　　（B）红色

（C）紫色 　　　　　　　　　　　（D）蓝色

5. 计算机必须具备的最基本的输入设备是（　）。

（A）鼠标 　　　　　　　　　　　（B）键盘

（C）光驱 　　　　　　　　　　　（D）硬盘

6. 对于键盘的使用，下列说法正确的是（　）。

（A）键盘可以连接到各种机型的计算机上进行使用

（B）更换键盘必须在断电的情况下进行

（C）可以使用酒精清洗键盘，但清洗时要在断电的情况下进行

（D）键盘不易磨损，所以键盘的使用寿命一般很长

三、简答题

1. 电脑主要应用在哪些方面？

2. 怎样学好电脑？

3. 从外观上看，电脑的硬件系统主要包括哪些部件？作用是什么？

4. 电脑有哪几种启动方式？如何操作？

5. 怎样进行电脑的维护操作？

四、上机操作题

1. 启动和关闭电脑。

2. 动手连接电脑的鼠标和键盘。

3. 打开机箱，认识电脑硬件的组成部件。

4. 给电脑安装最新杀毒软件并查杀病毒。

第 2 章 Windows XP 操作系统

Windows XP 是 Microsoft 公司于 2001 年底推出的又一代操作系统。它在继承了 Windows 2000 先进技术的基础上，又添加了许多全新的技术和功能。Windows XP 具有直观、友好的操作界面，使用户可以方便地配置计算机硬件，管理计算机中的程序和文件。

本章要点

- Windows XP 的启动与退出
- Windows XP 桌面介绍
- Windows XP 的基本操作
- 管理文件资源
- Windows XP 控制面板

2.1 Windows XP 的启动与退出

Windows XP 是微软公司推出的新一代视窗操作系统，具有操作简单、性能稳定等特点。通过本节的学习，用户应掌握启动、退出、注销 Windows XP 的方法等内容。

2.1.1 启动 Windows XP

Windows XP 安装完成后系统将自动启动该软件，以后需要启动 Windows XP 时，只须要打开外部设备的电源开关和主机电源开关，系统先进行硬件自检后开始引导。如果有多个操作系统，可通过按键盘上的"↑"或"↓"键来进行选择，然后按回车键即可进入 Windows XP 登录界面，如图 2.1.1 所示。在该界面中单击用户图标，则弹出"输入密码"文本框，用户在该文本框中输入正确的密码，按回车键后，即可进入个人设置、网络设置等加载的提示界面，片刻之后，即可进入 Windows XP 操作系统，其工作界面如图 2.1.2 所示。

图 2.1.1 Windows XP 登录界面

图 2.1.2 Windows XP 的工作界面

注意： 如果用户没有设置登录密码，则在登录时单击用户图标，系统会自动跳过输入密码界面，直接进入 Windows XP 的工作界面。

2.1.2 退出 Windows XP

用户在关闭计算机时，一定要先关闭所有正在运行的应用程序，然后退出 Windows XP 操作系统，最后才能关闭计算机的电源，否则将丢失或破坏正在运行的文件和程序。

1. 注销 Windows XP

Windows XP 是一个支持多用户的操作系统，为了便于不同的用户快速登录计算机，它提供了注销的功能。注销中文 Windows XP 的具体操作步骤如下：

（1）单击 开始 按钮，弹出"开始"菜单，如图 2.1.3 所示。

（2）在"开始"菜单下边单击 注销 按钮，弹出 注销 Windows 对话框，如图 2.1.4 所示。

（3）在该对话框中单击"切换用户"按钮，可在不关闭当前登录用户的情况下切换到另一个用户；单击"注销"按钮，系统将保存设置并退出当前登录用户。

2. 关闭计算机

当用户不再使用计算机时，必须先退出 Windows XP 操作系统，然后才能关闭计算机。关闭计算机的具体操作步骤如下：

（1）保存已经打开的文件和应用程序。

（2）单击 开始 按钮，在弹出的"开始"菜单中单击 关闭计算机 按钮，弹出如图 2.1.5 所示的 关闭计算机 对话框。

图 2.1.3 "开始"菜单　　图 2.1.4 "注销 Windows"对话框　　图 2.1.5 "关闭计算机"对话框

（3）在该对话框中单击"关闭"按钮，然后关闭计算机的电源，即可安全地关闭计算机。

提示： 在 关闭计算机 对话框中单击"待机"按钮，可使计算机处于待机状态，此时并没有退出 Windows XP，而是转入低能耗状态，以便暂时不用计算机时节省能源；单击"重新启动"按钮，可重新启动计算机。

2.2　Windows XP 桌面介绍

安装 Windows XP 后，在默认情况下，桌面中只有"回收站"系统图标，用户需要自行添加其他系统图标和需要的桌面快捷方式图标。

2.2.1　系统图标

系统图标一般包括"我的文档"、"我的电脑"、"网上邻居"、"回收站"和"Internet Explorer"5个图标，下面分别进行讲解。

（1）"我的文档"图标 。双击该图标可打开"我的文档"窗口，其中包含信件、报告和其他文档以及文件。

（2）"我的电脑"图标 。双击该图标可打开"我的电脑"窗口，其中显示连接到此计算机的驱动器和硬件。

（3）"网上邻居"图标 。双击该图标可打开"网上邻居"窗口，其中显示到网站、网络计算机和 FTP 站点的快捷方式。

（4）"回收站"图标 。双击该图标可打开"回收站"窗口，其中可看到已删除的文件和文件夹。

（5）"Internet Exlporer"图标 。双击该图标可打开"Internet Explorer"窗口，其中可以查找并显示 Internet 上的信息和网站。

2.2.2　桌面快捷方式图标

桌面快捷方式图标是安装某种软件后为了使用方便而在桌面上创建的快速打开方式图标。默认情况下，桌面快捷方式图标左下角有一个图标 ，双击桌面的快捷方式图标即可启动相应的程序软件。

2.2.3　任务栏

任务栏位于 Windows XP 桌面的最下方，如图 2.2.1 所示。在 Windows XP 操作系统中，任务栏是一个非常重要的工具，通过任务栏，用户可以快速地打开应用程序，查看系统日期和时间，调节音量大小等。此外，如果有多个应用程序同时运行，还可以通过单击任务栏中的应用程序图标，在不同的应用程序窗口之间来回切换。

图 2.2.1　任务栏

任务栏各项含义如下：

（1）"开始"按钮：单击 按钮，可打开"开始"菜单。

（2）快速启动区：用于显示常用的应用程序图标，单击相应的图标即可启动程序，在快速启动区中默认有 3 个快速启动图标 、 和 。

（3）任务按钮区：在 Windows 中打开窗口或启动程序时，在任务按钮区会显示一个相应名称的任务图标按钮。单击相应的任务图标按钮可以显示该任务的操作窗口。

（4）语言栏：用于切换和显示系统使用的输入法。单击输入法图标▦，在弹出的下拉菜单中可以选择一种输入法；单击"还原"按钮 ▣，可将语言栏还原为桌面上的工具条；单击"最小化"按钮 ▬，可将语言栏最小化到任务栏中。

（5）通知区域：也称提示区域，用于提示当前的系统工作状态，包括当前的日期和时间图标 10:34。系统通知区域也显示一些正在运行的程序图标。

用户还可以根据自己的习惯来设置一个个性化的任务栏，这样可以方便用户的管理和使用。

1．设置任务栏属性

设置任务栏属性的具体操作步骤如下：

（1）在任务栏的空白处单击鼠标右键，在弹出的快捷菜单中选择 属性(R) 命令，弹出 任务栏和「开始」菜单属性 对话框，打开 任务栏 选项卡，如图2.2.2所示。

（2）在 任务栏 选项卡中的"任务栏外观"选区中有5个复选框，分别为：

图2.2.2 "任务栏"选项卡

☑锁定任务栏(L)：选中该复选框，则不能改变任务栏的位置和大小。

☑自动隐藏任务栏(U)：选中该复选框，当任务栏不使用时将自动隐藏起来，避免总是占据着屏幕空间。

☑将任务栏保持在其它窗口的前端(T)：选中该复选框，如果用户打开很多的应用程序窗口，任务栏总是在最前端，而不会被其他窗口挡住。

☑分组相似任务栏按钮(G)：选中该复选框，将相同的程序按钮放在一起。

☑显示快速启动(Q)：选中该复选框，将在任务栏中显示快速启动图标，以便快速启动应用程序。

（3）在"通知区域"选区中选中 ☑显示时钟(K) 复选框，可在状态区中显示时间；选中 ☑隐藏不活动的图标(H) 复选框，可对不活动的项目进行隐藏，以便保持通知区域的简洁明了。

（4）单击 确定 按钮，完成任务栏的属性设置。

2．改变任务栏大小

当用户打开的窗口比较多而且都处于最小化状态时，在任务栏上显示的按钮将变得很小，用户观察很不方便。这时可以将鼠标指针放在任务栏的边缘上，当指针变为双向箭头时，按住鼠标左键并拖动到合适的位置再松开鼠标，以显示任务栏中所有的按钮，如图2.2.3所示。

图2.2.3 改变任务栏大小

2.2.4 "开始"菜单

Windows XP的"开始"菜单中包括该计算机中的所有应用程序，如图2.2.4所示。在任务栏中单击其中某个图标，可以打开相应的窗口和程序。通过操作系统的设置可以自定义"开始"菜单。

"开始"菜单各栏含义如下：

（1）用户账户栏：位于"开始"菜单的最顶端，包括用户图片和用户名称。

图 2.2.4　"开始"菜单

（2）常用程序栏：根据用户使用频率的多少而定，系统自动将常用的软件放置在该栏中，方便以后快速启动某项程序。

（3）所有程序栏：单击该按钮，在弹出的快捷菜单中可以查看到该计算机中已安装的所有程序和附件。

（4）关闭计算机栏：该栏有两个按钮，单击 注销 按钮，可注销计算机当前用户的使用状态；单击 关闭计算机(U) 按钮，可关闭计算机。

为了使用户可以方便快速地使用操作系统，还可以对"开始"菜单进行设置，具体操作步骤如下：

（1）在 开始 按钮上单击鼠标右键，在弹出的快捷菜单中选择 属性(R) 命令，弹出 任务栏和「开始」菜单属性 对话框，打开「开始」菜单 选项卡，如图 2.2.5 所示。

（2）在该选项卡中，用户可以设置当前所使用的"开始"菜单是标准类型的"开始"菜单还是经典类型的"开始"菜单。

（3）单击 自定义(C)... 按钮，弹出 自定义「开始」菜单 对话框，如图 2.2.6 所示。

图 2.2.5　"「开始」菜单"选项卡

图 2.2.6　"自定义「开始」菜单"对话框

（4）在该对话框中自定义"开始"菜单，单击 确定 按钮完成设置。

2.3　Windows XP 的基本操作

在了解了 Windows XP 的启动与退出后，用户应该了解 Windows XP 的一些基本操作。Windows XP

的基本操作主要包括鼠标的操作、窗口的操作以及对话框的操作。

2.3.1　鼠标的操作

Windows 操作系统具有很直观的图形化操作界面，需要通过鼠标进行操作。鼠标在计算机屏幕上一般显示为 形状，称为鼠标光标，移动鼠标时其光标也随之移动。

1. 认识鼠标光标

计算机的大部分操作都可以用鼠标来完成。当系统处于不同的运行状态或进行不同的操作时，鼠标光标会呈现不同的形态，如表 2.1 所示。

表 2.1　鼠标光标形态与含义

光标形态	光标含义
⌖	表示 Windows XP 准备接受用户输入命令
I	此光标一般出现在文本编辑区，用于定位从什么地方开始输入文本字符
⌛	表示系统处于忙碌状态，正在处理较大的任务，用户需要等待
⌖⌛	表示 Windows XP 正处于忙碌状态
↔ ↕	鼠标光标处于窗口的边缘时出现该形态，此时拖动鼠标即可改变窗口大小
⤢ ⤡	鼠标光标处于窗口的四角时出现该形态，拖动鼠标可同时改变窗口的高度和宽度
✛	该鼠标光标在移动对象时出现，表示拖动鼠标可移动该对象
☝	表示鼠标光标所在的位置是一个超级链接
＋	表示鼠标此时将进行精确定位，常出现在制图软件中
⌖?	鼠标光标变为此形状时，单击某个对象可以得到与之相关的帮助信息

2. 鼠标的基本操作

要熟练使用计算机，须掌握鼠标的指向、单击、双击和拖放 4 种基本操作。

（1）指向：将鼠标指针指向对象，停留一段时间，即为指向（或称持续）操作。该操作通常用来显示指向对象的提示信息。

（2）单击：指快速地在一个对象上按一下鼠标按键。单击又分为单击左键和单击右键，单击左键主要用于选定对象或打开菜单等，被选定的对象呈高亮显示；单击右键主要用于打开当前的快捷菜单，可以快速地选择有关命令。

（3）双击：指快速连续地在一个对象上单击两次鼠标左键。该操作主要用于启动程序或是打开一个窗口。

（4）拖放：指将鼠标指针指向一个对象，按住左键并拖至目标位置，然后释放鼠标。该操作常用于复制或移动对象，或者拖动滚动条与标尺的标杆。

2.3.2　窗口的操作

在 Windows XP 中，启动应用程序或双击图标等操作会打开一个窗口，在打开的窗口中包含多个对象，一般以图标形式显示。用户可以同时打开多个窗口，显示在最前面的窗口为当前活动的窗口。

1. 窗口的组成

Windows XP 中的窗口由标题栏、菜单栏、工具栏、地址栏、工作区、滚动条和状态栏等组成，如图 2.3.1 所示为"我的电脑"窗口。

图 2.3.1　"我的电脑"窗口

"我的电脑"窗口的组成部分及其作用如表 2.2 所示。

表 2.2　"我的电脑"窗口的组成部分及其作用

组成部分	作　用
标题栏	位于窗口的顶部，用于显示窗口的名称。用鼠标拖动标题栏可以移动窗口，双击标题栏可以将窗口最大化或者还原
窗口控制按钮	其中有 3 个按钮，用来改变窗口的大小及关闭窗口
菜单栏	在标题栏的下方，用于显示应用程序的菜单项，单击每一个菜单项可打开相应的菜单，然后从中选择需要的操作命令
工具栏	用于显示一些常用的工具按钮，如 ![后退]、"向上" ![图标]、![搜索] 等。用鼠标单击这些工具按钮可以执行相应的操作
地址栏	在地址栏中输入文件夹路径，并单击旁边的 ![转到] 按钮，将打开该文件夹。若计算机已经连接到 Internet，在地址栏中输入网址后，系统将自动启动网页浏览器并打开网页
工作区	用于显示和操作窗口中的对象
任务窗格	任务窗格是 Windows XP 中新增的一项功能，它位于窗口的左侧，其作用是为窗口操作提供一些常用的命令、常访问的对象以及常查看的信息。它由"系统任务"、"其他位置"和"详细信息"3 栏组成
滚动条	滚动条分为垂直滚动条和水平滚动条。当窗口中的内容没有完全显示时，可通过拖动滚动条来查看窗口中的其他内容

2. 窗口的基本操作

Windows XP 的窗口操作主要包括打开和关闭窗口、最大化/最小化窗口、缩放窗口、排列窗口、移动窗口和切换窗口等操作。

（1）打开窗口：若需要打开某个窗口，直接双击其图标或单击文字链接即可。如要打开"我的电脑"窗口，可以双击桌面上的"我的电脑"图标 ![图标]。

（2）移动窗口：将鼠标光标移动到标题栏上，按住鼠标左键不放，将其拖动到适当的位置即可。窗口处于最大化状态时，不能进行移动操作。

（3）最小化、最大化和还原窗口：最小化就是将窗口以标题按钮的形式缩放到任务按钮区，不在桌面上显示，单击窗口标题栏右侧的 ![图标] 按钮可以最小化窗口。最大化指为了便于查看和编辑将窗口进行全屏显示，单击 ![图标] 按钮可以还原窗口的大小。

（4）缩放窗口：当窗口处于还原状态时，可以对窗口进行缩放：将鼠标光标移动到窗口的边缘处，当鼠标光标变成双向箭头时，按住鼠标左键不放并拖动即可改变窗口的大小。

（5）切换窗口：在任务按钮区中单击需要进行操作的窗口按钮或按"Alt+Tab"组合键，可以选择需要切换到的窗口。

（6）排列窗口：在 Windows XP 中，用户可以同时打开多个窗口，并对窗口进行排列。在任务栏的空白处单击鼠标右键，在弹出的快捷菜单中选择窗口的排列方式，桌面上的窗口将会以相应的方式排列。

（7）关闭窗口：要关闭某个窗口，只需单击其标题栏上的"关闭"按钮 或按"Alt+F4"组合键即可。在任务栏需要关闭的窗口上单击鼠标右键，在弹出的快捷菜单中选择 命令也可将窗口关闭。

2.3.3 对话框的操作

对话框与窗口有共同点，但对话框比窗口更简洁、更直观、更侧重于与用户的交流。对话框的主要功能是要求用户输入一些相应的参数、选择设置的选项或者确定所执行的操作，使应用程序按指定方式执行。一般的对话框主要包括标题栏、标签和选项卡、文本框、复选框、列表框、下拉列表、微调框、单选按钮、命令按钮等。

1．对话框的组成

对话框中的常见控制项包括以下几种，如图 2.3.2 所示。

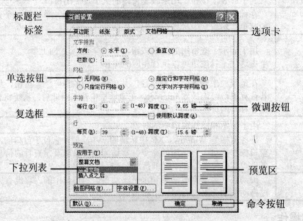

图 2.3.2　对话框的组成

（1）选项卡：当对话框中内容较多时，就会分成若干个标签，单击标签，打开相应的选项卡，可以显示出关于同一对象的各个不同方面的设置。

（2）单选按钮：通常由多个按钮组成一组，选中某个单选按钮可以选择相应的选项，但在一组单选按钮中只能有一个单选按钮被选中。

（3）下拉列表：单击下拉列表框右侧的下拉列表按钮即可显示出下拉列表，在下拉列表中列出了多个选项，使用鼠标和键盘都可从下拉列表中选择其中的一个选项。

（4）复选框：是一组相互之间并不排斥的选项，用户可以根据需要选中其中的某些选项。选中后，在选项前面方框中有一个"√"符号。

（5）微调按钮：利用上箭头和下箭头可以调整左侧数字框中的数字。

（6）命令按钮：使用该按钮可执行一个动作。若命令按钮带有省略号"…"，则单击此按钮后将弹出另一个对话框；若命令按钮带有两个尖括号"〉〉"，则单击此按钮后，可扩展当前的对话框。

2. 对话框的基本操作

对话框的基本操作包括移动对话框和关闭对话框。

（1）移动对话框：将鼠标移到对话框的标题栏上，按住鼠标左键拖动，即可将对话框移动到屏幕上的任何位置，但形状、大小不改变。

（2）关闭对话框：用鼠标单击对话框标题栏右边的关闭按钮即可关闭对话框。如果在对话框中设置了参数，单击"确定"按钮并退出；如果不应用所设置的参数，单击"取消"按钮并退出对话框。

提示：（1）在对话框的组成部分中，凡是以灰色状态显示的按钮或选项，表示当前不可执行。选择各选项或按键时，除了用鼠标外，还可以通过按"Tab"键激活并选择参数，然后按"Enter"键确定设置的参数。

（2）在对话框中可以方便地获得各选项的帮助信息，在对话框的右上角有一个带有问号"？"的按钮，单击该按钮，然后选择一个选项，即可获得该选项的帮助信息。

2.4　管理文件资源

在使用计算机的过程中常会用到对文件和文件夹的操作，其操作方法很简单，但非常重要。熟练掌握文件与文件夹的基本操作，可轻松地将计算机中的文件分类整理好，提高工作效率。

2.4.1　认识"我的电脑"

双击桌面上的"我的电脑"图标，在 窗口的"硬盘"栏中显示了计算机中所有的磁盘分区。通过这些分区可以访问计算机上存储的所有文件与文件夹，双击某个磁盘图标即可打开该磁盘窗口。

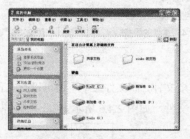

图 2.4.1　"我的电脑"窗口

2.4.2　认识资源管理器

在 窗口中单击工具栏中的 按钮，或在 按钮上单击鼠标右键，在弹出的快捷菜单中选择 命令，均可打开资源管理器窗口。它与 窗口的不同之处，是左侧多了一个文件夹目录窗格，如图 2.4.2 所示。通过该窗格可以快捷地查找并打开某个文件夹进行查看。

在资源管理器窗口的文件夹目录窗格中有"桌面"、"我的文档"、"我的电脑"等内容，单击前面的图标还可展开下一级目录。单击某个文件夹后，右侧窗口工作区就会显示该文件夹的内容，如图2.4.3 所示。

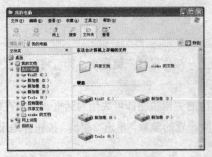

图 2.4.2 打开"资源管理器"窗口

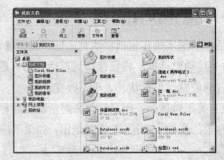

图 2.4.3 在资源管理器中查看文件夹的内容

2.4.3 认识文件与文件夹

计算机中有各种形式的文件和各种名称的文件夹，通过它们可以使计算机中存储的数据井井有条，维护管理起来轻松有序。

1. 文件与文件夹的概念

文件就是用来装一系列数据的一个集合，这些数据可以是一张图片、一段文字或一段视频等，文件由文件图标、文件名称、分隔点及文件扩展名组成。文件名和扩展名是区分一个文件的标志，如图2.4.4 所示，扩展名.doc 表示 Word 文档；扩展名.rtf 表示该文件为写字板文档。双击某个文件图标，即可打开该文件查看其中的内容。

文件夹就是用来存储和管理电脑中文件的容器。用户可将同类的文件放置在同一文件夹中，便于对计算机中的资源进行有效的管理，文件夹由文件夹图标和文件夹名称组成，如图 2.4.5 所示。

文件夹也称为"目录"，用于存放文件或下一级子文件夹。在 Windows 中双击某个文件夹图标，可打开该文件夹查看其中的所有文件及其子文件夹。

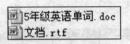

图 2.4.4 文件的组成

图 2.4.5 文件夹的组成

2. 文件与文件夹的关系

一个文件夹中可能包含有许多文件，而文件夹中不但可以有文件，还可以有许多子文件夹，子文件夹中还可以包含多个文件夹和文件，如图 2.4.6 所示。

图 2.4.6 文件夹的组成结构图

3. 文件与文件夹的路径

文件路径是指文件或文件夹存放的位置。路径的结构一般包括磁盘名称、文件夹名称和文件名称等，它们中间用符号"\"隔开，如：E:\图库\人文景观\盆景。

2.4.4　文件与文件夹的基本操作

要管理好电脑中的文件与文件夹，必须掌握新建、选择、移动、复制、删除、重新命名和查找等基本操作。

1. 新建文件或文件夹

当需要创建新文件夹或者创建某类新文件（例如纯文本文档、Word 文档等）时，可采用以下方法：在要创建文件夹或文件的位置（ **我的电脑** 窗口或桌面的空白处）单击鼠标右键，在弹出的快捷菜单中选择 **新建(W)** ▶ → **文件夹(F)** 命令即可创建文件夹，选择其他选项可以新建相应的文件，如图 2.4.7 所示。

图 2.4.7　新建文件和文件夹

注意： 通过此菜单可以创建的文件类型与计算机上安装的应用程序有关，只有安装了相应的应用程序，才有相应的新建命令。

2. 选择文件或文件夹

要对文件或文件夹进行各种操作，首先应选择该文件或文件夹。选择文件或文件夹主要有以下几种方法：

（1）选择单个文件或文件夹。用鼠标单击要选择的文件或文件夹，被选择的文件或文件夹以蓝底白字形式显示。若需取消选择，用鼠标单击一下被选择文件或文件夹外的任意位置，即可恢复未选定的状态。

（2）选择多个相邻的文件或文件夹。移动鼠标光标到要选择文件与文件夹范围的一角，按住鼠标左键不放进行对角拖动，出现一个矩形框，框选所有文件或文件夹后释放鼠标左键，被选择的文件或文件夹以蓝底白字形式显示。

（3）选择不相邻的文件或文件夹。首先用鼠标左键单击第一个文件或文件夹，然后按住"Ctrl"键不放，再单击要选择的文件或文件夹。

（4）选择当前窗口中的所有文件或文件夹。首先用鼠标左键单击窗口中任意一个文件或文件夹，再按"Ctrl+A"组合键，或选择 **编辑(E)** → **全部选定(A)　　Ctrl+A** 命令，即可选择当前窗口中的所有文件或文件夹。

3. 复制和移动文件或文件夹

复制文件或文件夹是指为文件或文件夹在某个位置创建一个备份，而原位置的源文件或文件夹仍然保留；移动文件或文件夹是指将文件或文件夹从一个目录中移到另一个目录中。移动和复制文件与文件夹可以通过剪贴板和鼠标拖动两种方式：

（1）通过剪贴板复制和移动文件或文件夹。选择要复制的文件或文件夹，选择 编辑(E)→ 复制(C)　　　　　Ctrl+C （或 剪切(T)　　　　　Ctrl+X ）命令将其复制（或剪切）到 Windows 的剪贴板中，打开目标义件夹，选择 编辑(E)→ 粘贴(P)　　　　Ctrl+V 命令，即可将剪贴板中的文件或文件夹粘贴到目标位置。

（2）通过鼠标拖动复制和移动文件或文件夹。在资源管理器窗口的目录区中展开目录树，然后单击源文件夹，并在内容区中选择要移动的文件或文件夹。在选择的文件或文件夹图标上按住鼠标左键不放，将其拖动到目录区中的目标文件夹图标上，释放鼠标左键即可将选择的文件或文件夹移动到目标文件夹中。复制文件或文件夹分两种情况：若源文件或源文件夹与目标文件夹位于同一磁盘分区中，则在拖动时按住"Ctrl"键即可；若源文件或源文件夹与目标文件夹不在同一磁盘分区中，则只需直接将源文件或源文件夹拖动至目标文件夹即可。

4．重命名文件或文件夹

在"我的电脑""我的文档"和"资源管理器"窗口中可以给文件或文件夹重新命名。具体操作步骤如下：

（1）选中要重新命名的文件或文件夹。

（2）选择 文件(F)→ 重命名(M) 命令，或者将鼠标指针指向已选中的文件或文件夹，单击鼠标右键，从弹出的快捷菜单中选择 重命名(M) 命令，这时在文件或文件夹名称文本框周围出现一个方框，并且名称呈反白状态。

（3）输入新的文件或文件夹名称，按"Enter"键即可。

注意：不能改变用于运行应用程序的可执行文件（.exe 文件）的文件名，因为这样会导致程序无法运行。一般不要更改文件的扩展名。

5．删除文件或文件夹

当一个文件或文件夹不再需要时，可以将其删除，以腾出空间来存放其他文件或文件夹。删除文件夹时，其所含的子文件或文件夹也一并被删除。删除文件或文件夹的具体操作方法如下：

（1）首先选中要删除的文件或文件夹。

（2）选择 文件(F)→ 删除(D) 命令，或者将鼠标指针指向已选中的文件或文件夹，单击鼠标右键，从弹出的快捷菜单中选择 删除(D) 命令或者按键盘上的"Delete"键即可。

（3）系统将弹出如图 2.4.8 所示的 确认文件删除 提示框，确定删除操作单击 是(Y) 按钮，否则单击 否(N) 按钮。

图2.4.8　"确认文件删除"提示框

利用上面的方法删除的文件或文件夹，被放到"回收站"中，并没有真正从硬盘上彻底删除，要彻底删除文件或文件夹，可单击 回收站 窗口中的"清空回收站"超链接。

6. 查看文件或文件夹

查看文件或文件夹,首先要将其从保存的路径中打开,可以用不同的显示方式查看文件或文件夹。在文件夹窗口中单击工具栏上的"查看"按钮，在弹出的快捷菜单中提供了 5 种显示方式,如图 2.4.9 所示。

图 2.4.9　文件的显示方式

在 Windows XP 中提供了"缩略图""平铺""图标""列表"和"详细信息"5 种窗口显示方式,在其中可选择要设置的文件夹或文件显示方式。各种窗口显示方式的特点和作用如下:

(1)缩略图:该视图将文件夹所包含的图像显示在文件夹图标上,因而可以快速识别该文件夹的内容。例如,如果将图片存储在几个不同的文件夹中,通过"缩略图"视图,则可以迅速分辨出哪个文件夹包含所需要的图片。默认情况下,Windows 在一个文件夹背景中最多显示 4 张图片,而完整的文件夹名将显示在缩略图下。

(2)平铺:该视图以图标显示文件或文件夹。这种图标比"图标"视图中的要大,并且将所选的分类信息显示在文件或文件夹名下面。

(3)图标:该视图以图标显示文件或文件夹。文件名显示在图标之下,但是不显示分类信息。在这种视图中,用户可以分组显示文件或文件夹。

(4)列表:该视图以文件或文件夹名列表显示文件夹内容,其内容前面为小图标。当文件夹中包含很多文件,并且想在列表中快速查找一个文件名时,这种视图非常有用。在这种视图中可以分类显示文件或文件夹,但是无法按组排列文件。

(5)详细信息:在该视图中,Windows 按组排列文件,并列出已打开的文件夹的内容和提供有关文件的详细信息,包括名称、类型、大小和更改日期。

2.4.5　回收站

在桌面上双击"回收站"图标,打开"回收站"窗口,如图 2.4.10 所示。回收站是 Windows 中的一个比较特殊的文件夹,它的主要功能是在用户删除不需要的文件或文件夹时,Windows 将被删除的文件暂时存放在其中,而不是将它们立即删除。这样就给由于误操作而删除的文件提供了一个补救的措施,使被误删除的文件或文件夹能够得以恢复。

1. 删除文件

在"回收站"窗口中删除文件的具体操作步骤如下:

图 2.4.10　"回收站"窗口

（1）选中所要删除的文件。

（2）选择 文件(F) → 删除(D) 命令，或者直接按"Delete"键，系统将弹出如图 2.4.11 所示的 确认文件删除 对话框。

（3）在该对话框中单击 是(Y) 按钮，即可将所选文件从回收站中删除。

2．恢复文件

如果用户误删除了文件，可在"回收站"窗口中对文件进行恢复操作，具体操作步骤如下：

（1）选中所要恢复的文件。

（2）选择 文件(F) → 还原(E) 命令，或者单击回收站窗口左边的 还原此项目 超链接，即可将文件恢复到原来的位置。

（3）文件恢复后，在"回收站"窗口中已经看不到所选择的文件，而在被恢复的文件的原位置可以看到被恢复的文件。

3．清空回收站

如果回收站中的所有文件都不再需要，可以将回收站一次全部清空，具体操作步骤如下：

（1）选择 文件(F) → 清空回收站(B) 命令，弹出 确认删除多个文件 对话框，如图 2.4.12 所示。

（2）在该对话框中单击 是(Y) 按钮，即可清空回收站中的所有内容。

图 2.4.11　"确认文件删除"对话框　　　　　图 2.4.12　"确认删除多个文件"对话框

2.5　Windows XP 的控制面板

控制面板是由一组应用程序组成的，可以让用户对系统资源进行自由灵活的配置，使 Windows XP 按照个人爱好的方式运行。

选择 开始 → 控制面板(C) 命令，打开 控制面板 窗口，如图 2.5.1 所示。从图中可以看出，Windows XP 的控制面板与其他操作系统相比，外观有所改变，使查看和使用更加方便灵活。

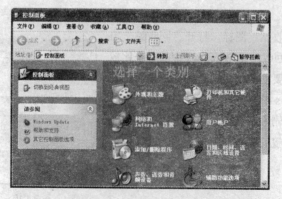

图 2.5.1　"控制面板"窗口

2.5.1　设置日期和时间

在 Windows XP 操作系统的控制面板中可以调整日期和时间，具体操作步骤如下：

（1）在 控制面板 窗口中单击 日期、时间、区域和语言设置 超链接，然后在打开的 日期、时间、语言和区域设置 窗口中单击 更改日期和时间 超链接，弹出 日期和时间 属性 对话框，默认打开 时间和日期 选项卡，如图 2.5.2 所示。

（2）在该选项卡中"日期"选区中的"月份"下拉列表中选择月份；在"年份"微调框中调整准确的年份；在"日期"列表框中选择日期和星期；在"时间"选区中的"时间"微调框中输入准确的时间。

（3）设置完成后，单击 确定 按钮即可。

2.5.2　设置个性化桌面

桌面是操作电脑时接触最多的画面，用户可根据自己的喜好设置漂亮的桌面背景、屏幕保护程序，为自己打造一个个性化的操作平台。

在 控制面板 窗口中单击 外观和主题 超链接，在打开的 外观和主题 窗口中单击 更改计算机的主题 超链接，弹出 显示 属性 对话框，如图 2.5.3 所示。

图 2.5.2　"时间和日期"选项卡

图 2.5.3　"显示 属性"对话框

用户可以在该对话框中的 主题 、 桌面 、 屏幕保护程序 、 外观 和 设置 5 个选项卡中对系统的主题、桌面、屏幕保护程序、外观、分辨率等进行设置，单击 确定 按钮完成设置。

提示：屏幕保护程序简称屏保，是专门用于保护电脑屏幕的程序。当用户在一段时间内没有对电脑进行操作时，系统会自动启动屏幕保护程序，通过不断变化的图片显示避免电子束长时间轰击荧光层的相同区域，从而对显示器屏幕进行保护。

2.6　实例速成——设置桌面背景和屏幕保护

本例主要练习设置 Windows XP 的桌面背景和屏幕保护。

（1）在桌面空白处单击鼠标右键，在弹出的快捷菜单中选择 属性(R) 命令，弹出 显示 属性 对话框，并打开"桌面"选项卡，如图 2.6.1 所示。

（2）在该选项卡中单击 浏览(B)... 按钮，弹出 浏览 对话框，在该对话框中选择要使用的图片文件，如图 2.6.2 所示。

图 2.6.1　"显示 属性"对话框　　　　　　　　图 2.6.2　选择图片

（3）单击 打开(O) 按钮，返回到 显示 属性 对话框中，单击 确定 按钮即可看到设置的桌面背景，如图 2.6.3 所示。

（4）在 显示 属性 对话框中打开"屏幕保护程序"选项卡，在"屏幕保护程序"下拉列表中选择自己喜欢的屏幕保护程序，在"等待"栏中设置等待时间，单击 确定 按钮关闭对话框，设置后的屏保如图 2.6.4 所示。

图 2.6.3　设置的桌面背景　　　　　　　　图 2.6.4　设置的屏幕保护

本 章 小 结

本章主要介绍了 Windows XP 的启动与退出、Windows XP 桌面介绍、Windows XP 的基本操作、管理文件资源、Windows XP 的控制面板等内容。通过本章的学习，使用户能够轻松地完成 Windows XP 操作系统的各种管理和操作。

轻 松 过 关

一、填空题

1. Windows XP 中所有的应用程序都是以_____的形式出现的，Windows XP 的窗口一般包括 3 种状态，即_____、_____和_____。

2. ＿＿＿＿＿＿位于 Windows XP 窗口的最下方。

3. Windows XP 桌面的 5 个常用图标是＿＿＿＿、＿＿＿＿、＿＿＿＿、＿＿＿＿和＿＿＿＿。

4. 使用＿＿＿＿＿快捷键可在多个窗口间进行切换。

5. 任务栏由＿＿＿＿、＿＿＿＿、＿＿＿＿以及＿＿＿＿组成。

二、选择题

1. 在 Windows XP 中，任务栏（　　）。

（A）只能改变位置，不能改变大小 　　　（B）只能改变大小，不能改变位置

（C）既不能改变位置，也不能改变大小 　（D）既能改变位置，也能改变大小

2. 为了重新排列多个窗口，首先应进行的操作是（　　）。

（A）用鼠标右键单击桌面空白处

（B）用鼠标右键单击"任务栏"空白处

（C）用鼠标右键单击已打开窗口的空白处

（D）用鼠标右键单击"开始"按钮

3. 窗口和对话框的区别是（　　）。

（A）对话框不能移动，也不能改变大小

（B）两者都能移动，但对话框不能改变大小

（C）两者都能改变大小，但对话框不能移动

（D）两者都能移动和改变大小

4. Windows XP 用来与用户进行信息交换的是（　　）。

（A）菜单 　　　　　　　　　　　　　（B）工具栏

（C）对话框 　　　　　　　　　　　　（D）应用程序

5. 在 Windows XP 的"资源管理器"左部窗口中，若显示的文件夹图标前带有加号"+"，意味着该文件夹（　　）。

（A）含有下级文件夹 　　　　　　　　（B）不含下级文件夹

（C）仅含文件 　　　　　　　　　　　（D）为空的文件夹

三、简答题

1. 怎样进行 Windows XP 的启动与退出？

2. 对话框由哪几个部分组成？每个部分的作用是什么？

3. 如何选择一个文件和多个不连续的文件？

4. 怎样恢复回收站中的文件？

四、上机操作题

1. 将任务栏上系统通知区域中的图标隐藏。

2. 按名称排列桌面图标。

3. 将桌面背景设置为自己喜欢的图形。

4. 在计算机上设置屏幕保护程序，要求在 20 分钟之内没有对计算机进行任何操作便自动进入屏幕保护，并且在退出屏幕保护程序时，返回到用户选择界面。

第 3 章　键盘的正确操作

键盘是计算机中重要的输入设备，它是由排列成阵列的按键组成的。用户可以通过键盘将各种程序和数据输入到计算机中，在使用键盘前应先熟悉键盘的结构、各键位的分布以及正确的输入方法，这样才能用键盘游刃有余地进行操作。

本章要点

- 键盘的结构
- 键盘操作规范

3.1　键盘的结构

目前，大多数用户的键盘为 107 键的标准键盘。按照各键的功能可将键盘分成 4 个区，它们分别是主键盘区、功能键区、数字小键盘区、编辑控制键区，如图 3.1.1 所示。

图 3.1.1　键盘的组成

3.1.1　主键盘区

主键盘区又称打字键区，位于键盘的下方，在键盘中占有大块的区域，可实现各种文字和信息的录入。其中包括 26 个英文字母键、10 个数字键、常用的标点符号键、空格键及其他一些常用的控制键，如图 3.1.2 所示。

图 3.1.2　主键盘区

（1）数字键：数字键位于主键盘区的第一排位置，有 10 个数字键，即 0～9，用于输入阿拉伯数字，有时一些汉字编码也用到数字键。数字键由上下两排字符组成，上排为符号，下排为阿拉伯数字。直接按下某个键，输入的是下排的阿拉伯数字；如果按住"Shift"键的同时，再按某个数字键，输入的则是上排的符号。

（2）符号键：主键盘区有 11 个符号键，每个键位也由上下两种不同的符号组成。每按下一个符号键，输入下半部分的符号。如果要输入上半部分的符号，必须按住"Shift"键的同时，然后再按符号键。

（3）字母键：用于输入英文字母或汉字编码，从"A"～"Z"共 26 个键位。

（4）空格键：空格键是主键盘区下方最长的那个键，上面没有符号，主要用于输入空格，有时一些汉字编码也用到该键。每按一次该键，将输入一个空格，同时光标右移。

（5）控制键：主键盘区共有 12 个控制键，分别介绍如下：

1）"Shift"键：又称上档键，在键盘的主键盘区有 2 个"Shift"键，使用方法相同。按下此键和一字母键，输入的是大写字母；按下此键和一数字键或符号键，输入的是这些键位上面的符号。例如按"Shift+A"，输入的是大写字母"A"；按"Shift+8"，输入的是"*"。

2）"Enter"键：又称执行键，也称回车键或换行键。一般情况下，当用户向计算机输入命令后，计算机并不马上执行，当用户按下该键后计算机才开始执行任务，所以称为执行键。在输入信息、资料时，按此键光标就会跳到下一行开头，所以又称回车键或换行键。

3）"Ctrl"键：又称控制键，在键盘的主键盘区有 2 个，并且使用方法相同。该键需要和其他键组合使用。

4）"Alt"键：又称转换键，在键盘的主键盘区有 2 个，并且使用方法相同。该键一般也不单独使用，需要和其他键组合使用。

5）"Back Space"键：又称退格键，按此键将删除光标前的字符。

6）"Caps Lock"键：又称大写锁定键，按下此键，输入的字母为大写字母，该键只对字母键起作用，对符号键、数字键等不起作用。

7）"Tab"键：又称定位键，每按一次可移动 8 个字符，它多用于文字处理中的格式对齐操作。

8）开始菜单键：共两个，位于"Alt"键的两侧。按此键即可弹出开始菜单。

9）快捷菜单键：位于右侧开始菜单键和"Ctrl"键之间。按此键，即可弹出相应的快捷菜单。

3.1.2　功能键区

功能键区位于键盘的最上面，如图 3.1.3 所示。这些键的功能一般是由用户所用的程序决定。在不同的操作系统和不同的应用软件中，这些功能键都有不同的作用。

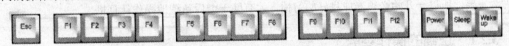

图 3.1.3　功能键

（1）"Esc"键：通常称为退出键。按此键，将退出当前环境，并返回原菜单。

（2）"F1"～"F12"键：在不同的软件中这些功能键的功能也不相同，一般情况下"F1"为帮助。

（3）"Wake Up""Sleep"和"Power"键：这 3 个键用来控制电源，分别可以使计算机从睡眠状态恢复到正常状态、使计算机处于睡眠状态和关闭计算机电源。

3.1.3 数字小键盘区

数字小键盘区（又称数字键区），如图 3.1.4 所示。主要用于快速输入数字和进行光标移动控制。当要使用数字键区输入数字时，应先按下"Num Lock"（数字锁定）键，将数字键区锁定为数字状态；若需要转换成光标移动状态时，则再按一下此键即可。

图 3.1.4 数字小键盘区

3.1.4 编辑控制键区

编辑控制键区位于主键盘区和数字小键盘区的中间，如图 3.1.5 所示。它们主要用于文档编辑过程中的光标控制，各键的作用如下：

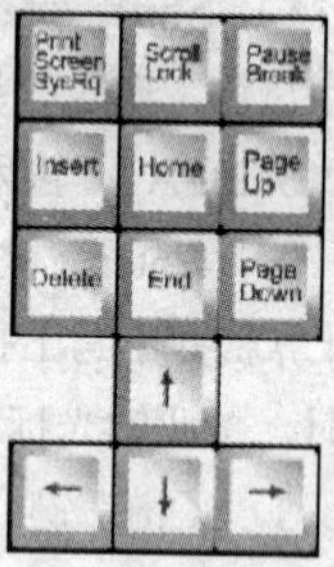

（1）"Print Screen"键：在 Windows 系统中，该键可用于拷屏操作。

（2）"Scroll Lock"键：为高级操作系统保留的空键。

（3）"Pause Break"可以使屏幕显示暂停，按回车键后继续显示。

（4）"Insert"键：插入键，该键为插入/覆盖切换键，当设置为插入状态时，每输入一个字符，该字符就被插入到当前光标所在的位置上，并且原光标上字符和其后的所有字符一起右移一格；当设置为覆盖状态时，每输入一个字符，会将光标所在的当前字符覆盖掉。

图 3.1.5 编辑控制键区

（5）"Delete"键：删除键，删除光标所在位置后的字符或汉字。

（6）"Home"键：行首键，按下该键，光标迅速移动到该行第一个位置。使用"Ctrl+Home"组合键，光标则快速移到文章的开头。

（7）"End"键：行尾键，该键与 Home 键的功能相反，按下此键，光标则快速移动到该行最后一个位置。使用"Ctrl+End"组合键，光标则快速移到文章的末尾。

（8）"Page Up"键：常用于文字处理中，它能使屏幕向前翻一屏。

（9）"Page Down"键：与 Page Up 键相反，它能使屏幕向后翻一屏。

（10）↑ ↓ ← →：光标键，每按一次，屏幕上的光标就向箭头方向移动一个字符位。

3.2 键盘操作规范

使用键盘时必须注意两点：一是要有正确的操作姿势；二是要掌握正确的指法。这两点对于初学者尤为重要，所以一开始必须养成良好的习惯，才有助于今后熟练地操作计算机。

3.2.1 正确的操作姿势

正确的键盘操作姿势，有利于轻松、快速、准确地进行键盘操作。在进行键盘打字操作时，对操作者的坐姿要求是"身坐正，脚放平，胸距键盘三拳离"，如图 3.2.1 所示。

（1）身坐正。上身保持挺直，身体正对键盘，臀部坐在椅子的中心位置，保持最大的稳定性，确保安全操作。

（2）脚放平。两脚适当分开，双脚的距离为肩宽，脚平放于

图 3.2.1 正确的打字姿势示意图

地面。

（3）胸与键盘的距离应保持约 20 cm。

（4）手指弯曲并轻放于基准键位上，左右手大拇指放在空格键上。

3.2.2　键盘基准键位

基准键位是指主键盘区的字母键中的 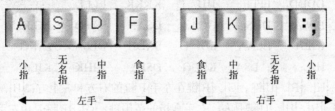 8 个键。仔细观察键盘，可看到"F"键和"J"键上各有一个凸起的小横线，这是定位键，准备打字时，左、右食指分别放在"F"和"J"两个定位键上，其余手指依次放在旁边的键上，击键结束后，手指必须立即回到基准键位上，基准键位与手指的对应关系如图 3.2.2 所示。

图 3.2.2　基准键位与手指的对应关系

3.2.3　手指键位分区

在基准键位的基础上，对于其他字母、数字、符号都采用与 8 个基准键的键位相对应的位置（简称相对位置）来记忆，例如，用原来击"D"键的左手中指击"E"键，用原来击"K"键的右手中指击"I"键等。键盘的指法分区如图 3.2.3 所示，必须按规定的操作执行，这样既便于操作又便于记忆。

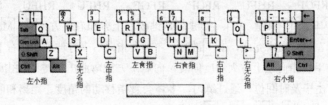

图 3.2.3　键盘指法分区图

在进行键盘操作时，每个手指只能击打指法图上规定的键，不要击打规定以外的键，不正规的手指分工对后期速度提升是一个很大的障碍。

3.2.4　击键的方法

掌握手指的分工后，在击键过程中，还应掌握几点击键规则，以便准确、快速地输入。

（1）准备击键前，手指要放在基准键位上。

（2）击键时，力度要适中，节奏要均匀，以指尖垂直向键盘用力，要在瞬间发力，并立即反弹。切不可用手指去压键，以免影响击键速度，而且压键会造成一次输入多个相同字符。

（3）各手指必须严格遵守手指指法的规定，分工明确，各守岗位。

（4）在打字过程中，一手击键，另一手必须在基准键位上并保持不动。

（5）每一次击键动作完成后，要迅速返回到相应的基准键位。

3.3 实例速成——指法练习

进行基准键、手指分区练习，通过本节的练习使读者能够准确、快速地进行键盘输入。

（1）基准键的练习。基准键包括 A、S、D、F、J、K、L、;，在进行键盘操作前将左、右手轻放在基准键上。左手：小指在 A 键，无名指在 S 键，中指在 D 键，食指在 F 键；右手：小指在 ; 键，无名指在 L 键，中指在 K 键，食指在 J 键；空格键用大拇指。基准键的位置不可混乱，也不可跨越。固定手指位置后，就不要再看键盘，而应集中视线于原稿。两手弹击字键要稳、准、快。

输入以下字符，练习基准键的操作，练习时由简到繁。

AAAA	SSSS	DDDD	FFFF	JJJJ	KKKK	LLLL	;;;;	LLLL
ASGF	SADF	FGSA	DDSG	GGAA	DSAF	SAFD	JKLK	;KJK
LAHS	DSHG	KJLA	LLAA	SD;D	SADH	DLSA	LSKG	JKL;
LLHK	SSAF	HJL;	;LSA	KLDG	DSFA	JHHK	KJLA	DADS

（2）练习 G、H、R、U 键。G、R 键在左手 F 键的右方和左上方；H、U 键在左手 J 键的左方和左上方。G、R、H、U 键是左、右手食指的范围键。G、R 键是由左手食指完成的，击 G 键时，左手食指向右伸展；击 R 键时，左手食指微向左上方伸展；H、U 键是由右手食指来完成的，右手食指向左伸展击 H 键，微向左上方伸展击 U 键。同时注意，由于初学者键位感差，容易弹击在两字符键之间，如 R 与 T、U 与 Y 等，小指不要翘起。

输入以下字符，练习 G、H、R、U 键。

FGFG	FGFG	FGFG	FGFG	FGFG	FGFG	FGFG	RFGF	RHFU
RFGF	RFGF	RFGF	RFGF	RFGF	RFGF	RFGF	RFGF	RHFU
RHFU	RHFU	RFGF	RHFU	RFGF	RFGF	RHFU	RHFU	RHFU

（3）练习 T、V、Y、M 键。T、V 键在 F 键的右上方和右下方；Y、M 键在 J 键左上方和右下方。T、V 键由左手食指来完成，击 T 键时，左手食指向右上方伸展，向右下方微弯曲击 V 键；同样，击 Y 键时，右手食指向左上方大斜度伸展，向右下方微弯曲击 M 键。在击这 4 个键时，其他手指不要离位太远，击毕及时回位。通过练习，多体会食指移动的角度、距离和回位动作。

输入以下字符，练习 T、V、Y、M 键。

TFVM	TFVM	TFVM	TFVM	TFVM	TFVM	TFVM	TFVM	TFVM
GFVT	GFVT	GFVT	GFVT	GFVT	GFVT	GFVT	GFVT	GFVT
YBYV	YBYV	YBYV	YBYV	YBYV	YBYV	YBYV	YBYV	YBYV

（4）练习 E、I、C、, 键。E、I 键分别在 D 键和 K 键的左上方，是左手中指和右手中指的范围键；C、, 键分别在 D 键和 K 键的右下方，也是左手中指和右手中指的范围键。I 键由右手中指向左微斜上伸弹击；, 键同样用右手中指微弯曲向右下方弹击。E 键由左手中指向左微斜上伸弹击；C 键同样用左手中指微弯曲向右下方弹击。精神高度集中，迅速弹击后立即回位。

在练习中，出现一指从下一排（或上排）到上一排（或下排），中间不回位的弹击方法（也就是不回到基准键位，跳过基准键直接从上到下或从下到上弹击）。进行这种练习必须以基准键上的中心为基础，依靠手的触觉能力，逐渐产生键位感，这种方法是微机键盘录入的基本方法，因此必须认真掌握。同时注意，手指上下伸展要灵活。弹击时手指不要翘起。

输入以下字符，练习 E、I、C、, 键。

"""　　"""　　"""　　"""　　"""　　"""　　"""　　"""　　"""
IECI　　IECI　　IECI　　IECI　　IECI　　IECI　　IECI　　IECI　　IECI
TIME　　TIME　　TIME　　TIME　　TIME　　TIME　　TIME　　TIME　　TIME

　　（5）练习B、F、N、J键。B键在F键的右下端，N键在J键的左下端。假设F、G、V、B这4个键形成一个平行四边形，那么B键就是F B对角线的一个顶点，因此弹击B键时需左手食指向右下伸展；同理，弹击N键，则需右手食指微向左下弯曲。精神集中，弹击时稳、准、快，弹毕立即回位。

　　输入以下字符，练习B、F、N、J键。

FBFB　　FBFB　　FBFB　　FBFB　　FBFB　　FBFB　　FBFB　　FBFB　　FBFB
BNFJ　　BNFJ　　BNFJ　　BNFJ　　BNFJ　　BNFJ　　BNFJ　　BNF　　BANB　　BANB
BNFJ　　BANB　　BANB　　BANB　　BANB　　BANB　　BANB　　BANB　　BANB　　BANB

　　（6）练习W、Z、O、/键。W、O键分别在S键和L键的左上方；Z、/键分别在A键和;键的右下方。弹击W、O键时，左、右手的无名指分别微向左上方伸展；弹击Z、/键时，左、右手的小拇指分别微向右下方弯曲。

　　输入以下字符，练习W、Z、O、/键。

WWWW　WWWW　ZZZZ　　ZZZZ　　OOOO　　OOOO　　OOOO　　////　　////　　///
WSOL　WSOL　WSOL　Z/A;　　Z/A;　　WOZ/　　WOZ/　　WOZ/　　WOZ/

　　（7）练习Q、X、P、.键。Q、P键分别在A键和;键的左上方；X、.键分别在S键和L键的右下方。弹击Q、P键用左、右手小拇指向左上方微斜伸展；弹击X、.键用左、右手小拇指向右下方微弯曲。加强小拇指和无名指的练习，弹击时准确迅速，弹毕立即回位。

　　输入以下字符，练习Q、X、P、.键。

QQQQ　　QQQQ　　XXXX　　XXXX　　PPPP　　PPPP　　....　　....　　....　　....　　....
QPA;　　QPA;　　X.SLX;　SL　X.SLQXP;　QXP;　　QXP;　　QQXP;

　　（8）练习符号键。键盘上有些键位由符号和数字分成上下两排组成，要输入这些键位上的符号时，如+、-、#等，需要配合"Shift"键，而有些符号如'、;等，只须敲击相应的符号键，直接就可输入。输入以下字符，练习符号键的操作。

[[　]]　　''''　'　　""""　　,,,,　　;;;;　　....　　###　　￥￥￥　%%%%　（))!!!　#￥%}
****　　???　　::::　　++++　　////　　||||　　〈〈〈 〉〉〉　（*"）　？》:!　{;'}　/"+-;}

本 章 小 结

　　本章主要介绍了键盘的基本结构和键盘操作规范。通过本章中键盘的使用学习，对以后熟练操作键盘将起到非常重要的作用。

轻 松 过 关

一、填空题

1. 键盘的基本结构主要包括_____、_____、_____、_____和_____。

2．按_____键在 Windows 系统中主要用于拷屏操作。

3．基准键位有_____键。

二、选择题

1．键盘上的 Shift 键被称为（　　），Enter 键被称为（　　）。

（A）上档键 　　　　　　　　　　（B）退格键

（C）回车键 　　　　　　　　　　（D）大小字母锁定键

2．打字键区是键盘上最重要的区域，打字键区主要包括（　　）。

（A）控制键 　　　　　　　　　　（B）字母键

（C）符号键 　　　　　　　　　　（D）Windows 功能键

3．在桌面上按（　　）键可起到帮助的作用。

（A）F2 　　　　　　（B）F3 　　　　　　（C）F1 　　　　　　（D）F5

三、简答题

1．键盘分为哪几个区？每个区的作用是什么？包括哪些键？

2．在使用键盘时应注意哪几点？

3．简述击键的正确方法。

四、上机操作题

反复进行键盘指法练习。

第4章 输入法概述

由于计算机内部的编码都采用英文，因此计算机不能直接识别中文，也不能直接录入中文，要录入汉字就必须借助于汉字输入法软件。汉字输入法软件很多，如智能 ABC 输入法、全拼输入法、五笔字型输入法等。本章将介绍输入法的基本操作，并重点介绍智能 ABC 输入法和微软拼音输入法。

本章要点

- 输入法的基本操作
- 智能 ABC 输入法
- 微软拼音输入法

4.1 输入法的基本操作

在学习输入法之前必须了解其基本操作，以便更好地掌握输入法。输入法的基本操作主要有添加与删除输入法、切换输入法等。

4.1.1 输入法简介

输入法就是利用键盘，根据一定的编码规则来输入汉字的方法。英文字母只有 26 个，而汉字有几万个，如果要向电脑中输入汉字，必须将汉字拆分成更小的部件，并将这些部件与键盘上的键产生某种联系，才能通过键盘按照某种规律输入汉字，这就是汉字编码。

随着汉字操作系统的不断发展，汉字输入法的种类也越来越多，但是它们的基本工作原理都是相似的。输入法按其编码的规则可以分为以下几类：

（1）音码。音码输入法是按照拼音规定来输入汉字的，不需要特殊记忆，符合人的思维习惯，只要会拼音就可以输入汉字。拼音输入法的缺点是同音字太多、重码率高、输入效率低，对用户的发音要求较高，难以处理不认识的生字。

这种输入方法不适合专业的打字员，而非常适合普通的电脑操作者，尤其是随着一批智能产品和优秀软件的相继问世，中文输入跨进了"以词输入为主导"的境界，重码选择已不再成为音码的主要障碍。新的拼音输入法在模糊音处理、自动造词、兼容性等方面都有很大的提高，微软拼音输入、黑马智能输入等输入法还支持整句输入，使拼音输入速度大幅度提高。

（2）形码。形码是一种以字根或笔划规定为基本的输入编码，再由这些编码组合成汉字的输入方法。汉字由许多相对独立的基本部分组成，例如，"好"字是由"女"和"子"组成，"助"字是由"且"和"力"组成，这里的"女""子""且""力"在汉字编码中称为字根或字元。

最常用的形码有五笔字型、表形码等，形码的最大优点是重码少，不受方言限制，经过一段时间训练，输入中文字的速度会大大提高，但形码的缺点就是需要记忆的东西较多，长时间不用会忘掉。

（3）音形码。音形码吸取了音码和形码的优点，将二者混合使用，这种输入法的特点是速度较快，不需要专门培训，适用于对打字速度有要求的非专业打字人员使用。

4.1.2 添加/删除输入法

系统默认安装的输入法有智能 ABC 输入法、微软拼音输入法、全拼输入法等，其他输入法（如五笔输入法、拼音加加输入法等）则需要用户自己安装。

添加输入法大致分为两种情况：一是添加系统自带的输入法；二是安装非系统自带的输入法。

1. 添加系统自带的输入法

下面以添加智能 ABC 输入法为例，介绍如何手动添加系统自带的输入法。

（1）在语言栏上单击鼠标右键，在弹出的快捷菜单中选择 设置(g)... 命令，弹出 文字服务和输入语言 对话框，如图 4.1.1 所示。

（2）在该对话框中单击 添加(D)... 按钮，弹出 添加输入语言 对话框，如图 4.1.2 所示。

图 4.1.1 "文字服务和输入语言"对话框

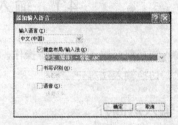

图 4.1.2 "添加输入语言"对话框

（3）在 键盘布局/输入法(K) 下拉列表框中选择相应的输入法，单击 确定 按钮。

（4）返回到 文字服务和输入语言 对话框，可以看到添加的输入法。

（5）单击 确定 按钮关闭对话框，完成设置。

2. 安装非系统自带的输入法

下面以安装极品五笔输入法为例，介绍如何安装非系统自带的输入法。

（1）找到极品五笔输入法的安装程序，并双击该程序，如图 4.1.3 所示。

（2）弹出"欢迎"对话框，如图 4.1.4 所示，单击 下一步(N)> 按钮即可开始安装。

图 4.1.3 找到安装程序

（3）安装完毕后，弹出"安装完毕"对话框，如图 4.1.5 所示，单击 完成(F) 按钮即可。

图 4.1.4 "欢迎"对话框

图 4.1.5 安装完毕

3．删除输入法

删除输入法的具体操作步骤如下：

（1）用鼠标右键单击语言栏上的输入法图标 ▤，在弹出的快捷菜单中选择 设置(E)... 命令，弹出 文字服务和输入语言 对话框（见图 4.1.1）。

（2）在 已安装的服务(I) 列表框中选中要删除的输入法，单击 删除(R) 按钮，再单击 确定 按钮完成删除。

4.1.3　切换输入法

用户在进行输入时，可以根据自己的需要选择输入法，其方法有使用鼠标和键盘两种。

1．使用鼠标

单击任务栏右下角的输入法图标 ▤，将弹出"输入法"下拉菜单，如图 4.1.6 所示，在其中选择所需的输入法即可。

2．使用键盘

按快捷键"Ctrl+空格"可以在中英文之间进行切换；按快捷键"Ctrl+Shift"可在各种输入法之间进行切换。

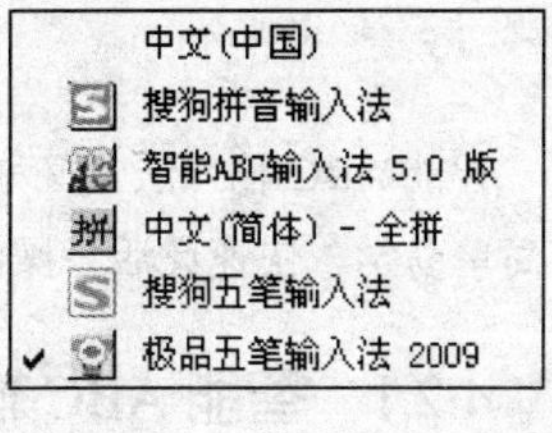

4.1.4　输入法状态条

图 4.1.6　"输入法"下拉菜单

启动中文输入法后，屏幕上会出现相应的输入法状态条。输入法状态条表示当前输入状态，且状态条上的几个按钮包含了对该输入法的大部分操作。

下面以极品五笔输入法为例，介绍状态条中各按钮的含义，如图 4.1.7 所示。

图 4.1.7　输入法状态条

1．中/英文切换按钮

当按钮呈 中 时，表示当前的输入法状态为中文输入法，此时输入的英文字母为拼音；单击该按钮或按下"Caps Lock"键，将转换为 A，表示当前为英文输入状态，可直接在文档中输入英文字母。

2．极品五笔按钮

该按钮表示当前为五笔输入法状态。

3．全角/半角切换按钮

当按钮呈 ☽ 时，表示当前为半角字符输入状态，此时输入的是英文字符；单击该按钮将转换为 ●，表示当前为全角字符输入状态，此时输入的是汉字字符。

4．中/英文标点切换按钮

当按钮呈 ″ 时，表示当前为中文标点输入状态，此时输入的标点是中文标点；单击该按钮将转换为 ·′，表示当前为英文标点输入状态，此时输入的标点为英文标点。

5. 软键盘开/关切换按钮

单击▦按钮，可打开软键盘，如图 4.1.8 所示。再次单击，可将其关闭。

使用鼠标右键单击按钮，可在弹出的快捷菜单中选择特殊符号的输入，如图 4.1.9 所示。

图 4.1.8　软键盘

PC键盘	标点符号
希腊字母	数字序号
俄文字母	数学符号
注音符号	单位符号
拼　音	制表符
日文平假名	特殊符号
日文片假名	

图 4.1.9　快捷菜单

4.2　智能 ABC 输入法

智能 ABC 输入法（又称标准输入法）是 Windows XP 中自带的一种音形结合码汉字输入法，具有简单易学、快速灵活、操作简单等优点，受到用户的青睐。

4.2.1　智能 ABC 输入法状态条

智能 ABC 输入法状态条上有 5 个按钮，如图 4.2.1 所示，分别由中/英文输入切换按钮、标准/双打切换按钮、全/半角切换按钮、中/英文标点切换按钮和显示/隐藏软键盘按钮组成。单击这几个按钮就可以在其相应状态之间进行切换。

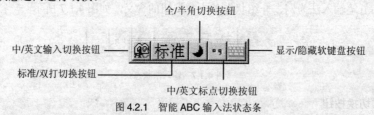

图 4.2.1　智能 ABC 输入法状态条

4.2.2　智能 ABC 输入法界面

在使用智能 ABC 输入法录入汉字的过程中，会弹出一个界面，如图 4.2.2 所示。

图 4.2.2　输入法界面

（1）外码框。当用户切换至智能 ABC 输入法后，根据汉字拼音依次录入相对应的字母，输入的拼音将显示在外码框中。

（2）候选框。当汉字拼音输入完毕后，按空格键，拼音将会转换成汉字并出现一个候选框，且候选框中列出了所有相同读音的汉字以供用户选择。

（3）上一页和下一页。单击"上一页"按钮■或"下一页"按钮■，可对候选框进行翻页。

（4）首页和末页。单击"末页"按钮■，候选框即可跳转到最后一页；单击"首页"按钮■，候选框即可返回到第一页。

4.2.3　智能 ABC 输入汉字的方法

智能 ABC 输入法的形码输入功能很少被用到，因此我们只介绍其拼音输入法。

1．全拼输入

全拼输入即按照标准的汉字拼音方案输入汉字的完整拼音。

（1）输入单个汉字。输入单个汉字时，输入该汉字的完整拼音即可。例如要输入"学"字，键入"xue"即可。

提示：如果要输入韵母"ü"，键入字母"v"即可。例如要输入"女"字，则键入"nv"即可。

（2）输入词组。输入词组时，按顺序输入词组的完整拼音即可。例如要输入词组"我们"，键入"women"，如图 4.2.3 所示。

图 4.2.3　全拼输入词组

提示：若外码框中显示的汉字就是要输入的汉字，直接按一下空格键即可输入该字。若候选框的当前页中没有要输入的汉字，可在主键盘区中按下"+"和"-"键，或者在光标控制区中按下"Page Down"和"Page Up"键进行翻页。

有时，为了避免歧义应使用隔音符号"'"。例如要输入词组"疼爱"，输入拼音时应键入"teng'ai"，若键入"tengai"，则无法输入该词组。

2．简拼输入

如果用户对汉语拼音把握的不太准确，可以使用简拼输入。简拼的编码规则是取各个音节的第一个字母，如要输入"教育"，只须输入"jy"即可。另外，对于包含复合声母如 zh，ch，sh 的音节，也可以取前两个字母组成。例如：词语"时间"的拼音编码为"shj"，按回车键即可，如图 4.2.4 所示。

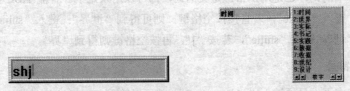

图 4.2.4　简拼输入词组

3．混拼输入

混拼输入方式是指在输入两个音节以上的词语时，使用全拼与简拼相结合的方法进行输入。如输入"虚心"时可键入"xux"也可键入"xxin",如图 4.2.5 所示。混拼输入既可以减少编码的击键次数,又可以减少重码率。

图 4.2.5　混拼输入词组

4.2.4　智能 ABC 输入法使用技巧

使用智能 ABC 输入法,应了解其使用技巧,从而提高录入速度。

1. 中文状态下输入英文

在输入中文的过程中,如果要输入英文字母,可以不必切换到英文状态下,只须输入英文字母"v"作为标志符,后面跟随要输入的英文即可。如:在输入中文的过程中如果想要输入英文"computer",只须要输入"vcomputer",然后按空格键即可。

2. 中文数量词简化输入

智能 ABC 还提供了阿拉伯数字和中文大小写数字的转换,可以对一些常用量词简化输入。"i"为输入小写中文数字的前导字符,"I"为输入大写中文数字的前导字符。如:输入"i7"就可以得到"七",输入"I7"就会得到"柒",输入"i2010"就会得到"二〇一〇"等。输入"i+"会得到"加",同样"i−""i*""i/"对应"减""乘""除"。

对一些常用量词也可简化输入,输入"ig",按空格(或回车键),将显示"个"。系统规定数字输入中字母的含义为:

g[个]、s[十, 拾]、b[百, 佰]、q[千, 仟]、w[万]、e[亿]、z[兆]、d[第]、n[年]、y[月]、r[日]、t[吨]、k[克]、$[元]、h[时]、f[分]、l[里]、m[米]、j[斤]、o[度]、p[磅]、u[微]、i[毫]、a[秒]、c[厘]、x[升]

提示:输入大写字母"I",必须使用"Shift+i"组合键来输入,不能使用大小写转换键来输入。

3. 以词定字

无论是标准库中的词,还是用户自己定义的词,都可以用来定字。智能 ABC 用"["和"]"进行以词定字。如:键入"shijie",若直接按空格键,则可得到"世界";键入"shijie",若按"[",再按空格键则得到"世";键入"shijie",若按"]",再按空格键得到"界"。

4. 输入特殊符号

在中文输入状态下,只须键入"v1"～"v9",就可以输入 GB-2312 字符集 1～9 区各种符号。

例如要输入"☆",通过下面的操作步骤可实现:

(1)输入"v",在智能 ABC 的外码框中显示"v",如图 4.2.6 所示。

（2）再输入"1"，即可出现候选框，按下"Page Down"键进行翻页，直至找到"☆"，如图 4.2.7 所示。

图 4.2.6　外码框中显示"v"　　　　　　图 4.2.7　输入特殊符号

5．自定义新词

智能 ABC 还提供了自定义新词的功能。为提高录入速度，可以将平时使用频率高且输入法中没有的词或词组进行自定义。定义新词后，只须在自定义的代码前加"u"即可。

下面以添加词条"软件世界杂志社"为例，讲解自定义词条的方法。

（1）切换到智能 ABC 输入法状态。

（2）鼠标移至输入法状态的框上，单击鼠标右键，在弹出的快捷菜单中选择 定义新词 命令，如图 4.2.8 所示。

（3）弹出 定义新词 对话框，在此对话框中的"新词"处输入"软件世界杂志社"，在外码处输入"rj"，如图 4.2.9 所示。

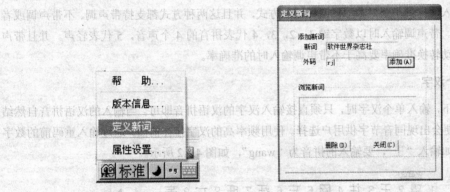

图 4.2.8　选择命令　　　　　　图 4.2.9　"定义新词"对话框

（4）单击 添加(A) 按钮，新词就会出现在"浏览新词"框中，然后单击 关闭(C) 按钮即可。

在以后的使用过程中，只要键入"urj"，就会出现"软件世界杂志社"这几个字。

6．朦胧回忆

对于刚刚用过不久的词条，可以使用最简单的办法依据不完整的信息进行回忆，这个过程称为朦胧回忆。朦胧回忆的功能通过"Ctrl＋－"键完成。

（1）如果刚才输入了"教师"、"教学"、"教课"、"教育"，现在又想输入"教师"，则只要输入"js"然后按"Ctrl＋－"键，则刚才输入过的"教师"又会出现了。朦胧回忆在输入内容较为单一、输入内容频繁重复等情况下使用非常有效。

（2）如果要重复刚刚输入过的词，只需要连续按两次"Ctrl＋－"键即可。第一次起"朦胧回忆"的作用，第二次起恢复现场的作用。如：刚用智能 ABC 输入过"软件世界"，只需要连续按两次"Ctrl＋－"键，再按空格键，就会显示"软件世界"。

4.3 微软拼音输入法

微软拼音输入法是一种非常优秀的智能化汉语拼音输入法，它具有语句化输入、用户自造词、南方模糊音输入、不完整输入等众多优秀功能，只须简单学习即可掌握。

4.3.1 微软拼音输入法状态条

将输入法切换到微软拼音输入法后，屏幕上将出现输入法状态条，如图 4.3.1 所示。该状态条主要用于表示当前的输入状态，通过用鼠标单击其中各按钮可以切换输入状态或者激活菜单。

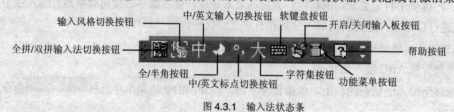

图 4.3.1 输入法状态条

4.3.2 微软拼音输入法输入汉字

微软拼音输入法提供了全拼和双拼两种输入方式，并且这两种方式都支持带声调、不带声调或者二者的混合输入。带声调输入时以数字键 1，2，3，4 代表拼音的 4 个声音，5 代表轻声。并且带声调输入的系统自动转换准确率要高于不带声调输入时的准确率。

1. 输入单个汉字

在全拼状态下，输入单个汉字时，只须直接输入汉字的汉语拼音即可。当输入的汉语拼音自然结束时，提示行中便会出现同音节字供用户选择。使用频率高的汉字排在前面，通过输入重码前的数字挑选所需汉字，如输入"王"，要输入的拼音为"wang"，如图 4.3.2 所示。

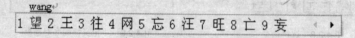

图 4.3.2 候选汉字

从该提示框中可以看出，提示行中提供了 9 个汉字，需输入的汉字是第 2 个，直接选择数字 2 即可。如果需输入的汉字提示行中没有，可以单击提示框右侧的三角按钮，或按键盘中的"Shift+ +"快捷键进行翻页查找所需汉字。

2. 输入词组

全拼输入法可以直接输入汉字词组，采用双音同时输入的方法，既可以区分同音字，又可以直接用来输入双字词组。双字词组输入码为双字词的标准汉语拼音，若自然结束，则不需要结束键，否则，以空格键作为拼音的结束键。

下面以使用微软拼音输入法的新体验输入风格，输入文字"大家喜欢和他去打球"，如图 4.3.3 所示。在连续输入拼音的过程中，用户会看到，在输入窗口中，虚线上的汉字是输入拼音的转换结果，下画线上的字母是正在输入的拼音。用户可以按左右方向键定位光标来编辑拼音和汉字。

图 4.3.3　输入词组

拼音下面是候选窗口，1 号候选词组呈蓝色显示，是微软拼音输入法对当前拼音串转换结果的推测，如果正确，可以按空格键或者按数字 1 键选择。其他候选项中列出了当前拼音可能对应的全部汉字或词组，可以按"Page Down"和"Page Up"键翻页来查看更多的候选字。

提示： 微软拼音输入法的缺省设置也支持简拼输入，对一些常用词，可以只用它们的声母来输入。比如在上面的例子中，用"dj"输入"大家"。另外，在输入状态下，可以用"+"、"–"键或者"Page Down"和"Page Up"键来翻页查看更多候选项，但不可以用上下方向键来移动光标。

3. 修改错字

用户学会了输入拼音和选择候选项后，可能会发现微软拼音输入法大多数的自动转换都是正确的，但错误也在所难免。对于那些错误转换，可以在输入过程中进行更正，挑选出正确的候选项，也可以在输入整句话之后进行修改。

这里继续上一个例子的操作，在句子输入完之后，将"他"修改成"她"。按左右方向键将光标移到"他"的前面，如图 4.3.4 所示。这时的候选窗口与输入文字时的候选窗口略有不同，出现了 0 号拼音候选，它是光标右边汉字或词组的拼音。如果一开始输错了拼音，可以按数字 0 键重新编辑拼音字母，在这个例子中将选择 2 号候选。

图 4.3.4　修改文字

如果输入窗口中的转换内容全部正确，按空格键或者回车键确认即可，此时，下画线将消失，用户输入的内容传递给了编辑器。

提示： 在输入拼音后，按回车键，当前输入窗口中的所有内容，包括转换后的汉字以及未经转换的拼音全都被确认；按空格键，如果当前光标在输入窗口的最后并且所有拼音都转换成了汉字，则输入窗口的内容被确认。

4.3.3　微软拼音输入法使用技巧

下面提供一些微软拼音输入法的使用技巧，以帮助用户提高输入的速度。

1. 使用音节切分符

汉语拼音中有一些汉字为零声母字，即没有声母，例如"奥"（ao），"欧"（ou）等。在语句中输入这些零声母字时，使用音节切分符（空格或单引号）可以起到事半功倍的效果。例如，输入"皮袄"时，输入带音节切分符的拼音"pi ao"（中间加一个空格），可以省去很多修改的麻烦。另外，也可以利用音调来代替音节切分符，如用户要输入"西安"，而输入"xian"之后，输入法可能转换为单字"先"，此时在"xi"和"an"之间键入一个空格（"xi an"）或在"xi"后面键入"xi"字的音调"1"（"xi1an"）都可以解决这一问题。

2．选择候选汉字

当用户连续输入一串汉语拼音之后，微软拼音输入法会根据语句的上下文自动选取最可能的输出结果，不过有时不能满足用户需要，这时就需要对候选汉字进行修改。只须用鼠标或键盘将光标移动到需要修改的汉字处，候选汉字窗口就会自动弹出，选中正确的字或词即可。

3．修改错误拼音

用户若要对输入错误的拼音进行修改，则应在输入的中文语句还未确认以前用方向键移动光标到拼音有误的汉字前，按下"｀"键（"Tab"键上方），打开输入法拼音窗口，然后在此窗口中重新键入汉字的正确拼音即可。注意：只有在候选窗口激活的情况下"｀"才作激活拼音窗口之用，否则，将直接插入字符"｀"。

4．使用不完整输入功能

微软拼音输入法支持拼音的不完整输入，我们只需输入拼音的声母即可得到最后的结果，从而加快了输入速度。为此，可在微软拼音输入法属性设置对话框复选"不完整拼音"选项，激活系统的不完整拼音输入功能即可。如：在输入"zhhrmghg"后，系统就会自动转换为"中华人民共和国"。

4.4　实例速成——用智能 ABC 输入法输入文档

本例使用智能 ABC 输入法在写字板中编写一篇"通知"文档，将智能 ABC 输入法的全拼、简拼和混拼输入法结合使用可以提高输入效率，效果如图 4.4.1 所示。

图 4.4.1　"通知"文档

（1）选择 开始 → 程序(P) → 附件 → 写字板 命令，打开写字板程序。

（2）将输入法切换到智能 ABC 输入法，在写字板窗口中输入"通知"的全拼"tongzhi"，按空格键后出现输入提示框，如图 4.4.2 所示。因为"通知"在候选框的第 3 位，按数字键"3"输入。

（3）继续输入"为庆祝元旦，公司决定今晚在海天大酒店举行联欢会，请大家按时参加。祝大家 Happy New Year！"，当要输入"庆祝"时，输入简拼"qz"，按空格键后出现提示框，如图 4.4.3 所示。"庆祝"在候选框的第 5 位，按数字键"5"输入。

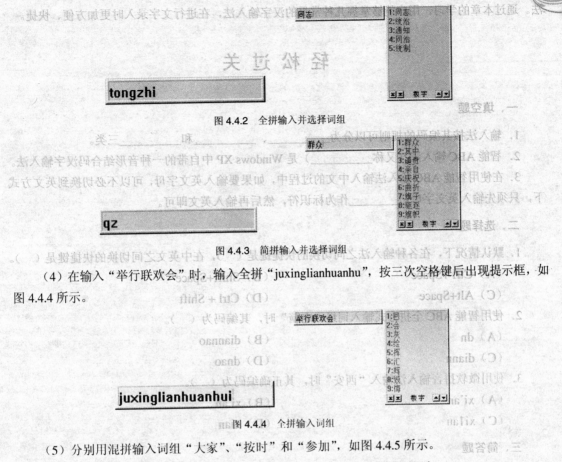

图 4.4.2 全拼输入并选择词组

图 4.4.3 简拼输入并选择词组

（4）在输入"举行联欢会"时，输入全拼"juxinglianhuanhu"，按三次空格键后出现提示框，如图 4.4.4 所示。

图 4.4.4 个拼输入词组

（5）分别用混拼输入词组"大家"、"按时"和"参加"，如图 4.4.5 所示。

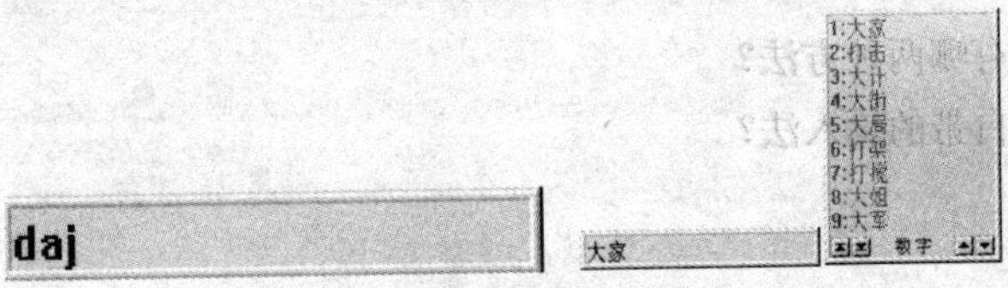

图 4.4.5 混拼输入词组

（6）在输入"Happy New Year"时，只须在每个单词前面加"v"并按空格键即可，如图 4.4.6 所示，按空格键后就可输入 happy，按下"Caps Lock"键，将所输入的英文单词第一个英文字母改为大写。

图 4.4.6 在中文状态下输入英文

（7）按照前面介绍的智能 ABC 输入法的输入技巧继续完成这篇通知。

本 章 小 结

本章主要介绍了输入法的基本操作以及几种常用汉字输入法：智能 ABC 输入法和微软拼音输入

法。通过本章的学习，用户能够掌握几种常见的汉字输入法，在进行文字录入时更加方便、快捷。

轻 松 过 关

一、填空题

1. 输入法按其编码的规则可以分为_____、_____和_____三类。

2. 智能 ABC 输入法（又称_____）是 Windows XP 中自带的一种音形结合码汉字输入法。

3. 在使用智能 ABC 输入法输入中文的过程中，如果要输入英文字母，可以不必切换到英文方式下，只须先输入英文字母_____作为标识符，然后再输入英文即可。

二、选择题

1. 默认情况下，在各种输入法之间切换的快捷键是（　　），在中英文之间切换的快捷键是（　　）。

    （A）Ctrl +Space   （B）Shift+Space

    （C）Alt+Space   （D）Ctrl + Shift

2. 使用智能 ABC 全拼方式输入词组"电脑"时，其编码为（　　）。

    （A）dn   （B）diannao

    （C）diann   （D）dnao

3. 使用微软拼音输入法输入"西安"时，其正确编码为（　　）。

    （A）xi'an   （B）xi an

    （C）xi1an   （D）xian

三、简答题

1. 输入法的切换有哪两种方法？

2. 怎样添加系统自带的输入法？

四、上机操作题

1. 给电脑添加搜狗输入法。

2. 用智能 ABC 中文数量词简化输入功能输入人民币大写 1～9。

第5章 五笔字型输入法

五笔字型输入法是一种形码汉字输入系统，它根据汉字的字型特征进行编码。目前，五笔字型输入软件有极品五笔、万能五笔、搜狗五笔、王码五笔等。五笔输入法具有普及范围广、不受方言限制、录入速度快以及重码少等优点，所以适合专职和非专职人员共同使用。

本章要点

✔ 汉字编码基础知识

✔ 五笔字型字根简介

5.1 汉字编码基础知识

五笔字型输入法是一种形码输入法，它利用汉字的字型特征进行编码。因此，要学会五笔，必须先要了解汉字的基本结构。

5.1.1 汉字的层次

汉字是一种意形结合的象形文字，形体复杂，笔画繁多，它最基本的成分是笔画，由基本笔画构成汉字的偏旁部首，再由基本笔画及偏旁部首组成有形有意的汉字。

五笔字型的发明人王永民教授在发明五笔字型时，把汉字分为3个层次：笔画、字根和汉字。下面分别来学习汉字的3个层次。

1．汉字的笔画

书写汉字时，不间断地一次连续写成的一个线条称汉字的一个笔画。在五笔字型中只考虑笔画的运笔方向，而不计其轻重长短，可将汉字笔画归纳为横、竖、撇、捺、折5种基本笔画，并将5种笔画按照顺序进行排列，并用数字1~5作为代号来表示5种笔画，如表5.1所示。

表5.1 汉字的5种基本笔画及代号

代　号	笔画名称	运笔方向	笔画及变形
1	横	左→右	一 ⁄
2	竖	上→下	丨 亅
3	撇	右上→左下	丿
4	捺	左上→右下	㇏
5	折	带转折	乙 ㇆ 勹 ㄱ ㄴ

（1）横：在五笔字型中，"横"指凡运笔走向从左到右和从左下到右上的所有笔画。另外，为了记忆方便，将"提"归并到"横"类，如图5.1.1所示。

图5.1.1 "横"笔画类

（2）竖：在五笔字型中，"竖"指凡运笔走向从上到下的所有笔画。另外，将"竖左钩"归并到

"竖"类，如图 5.1.2 所示。

图 5.1.2　"竖"笔画类

（3）撇：在五笔字型中，"撇"指凡运笔走向从右上到左下的所有笔画，如图 5.1.3 所示。

图 5.1.3　"撇"笔画类

（4）捺：在五笔字型中，"捺"指凡运笔走向从左上到右下的所有笔画。另外，在"捺"类中将点"、"也归类于"捺"笔画中。因为点的运笔方向从左上到右下，在习惯上也经常把捺缩小为点，如图 5.1.4 所示。

入 立 文 走 就

图 5.1.4　"捺"笔画类

（5）折：所有带转折的笔画（除竖左钩外）都归为"折"类，如图 5.1.5 所示。

邓 允 仍 弱 也

图 5.1.5　"折"笔画类

2．汉字的字根

汉字的字根是若干基本笔画构成的相对不变的结构。在五笔字型中，字根是构成汉字的基本单位。

86 版五笔字型输入法中共选取了 130 多个基本字根，其选取字根的条件有：一是要能组成很多的字，例如，"王土大木工，目日口田山"等；二是虽然组成的字很少，但组成的字特别常用，例如，"白"组成"的"、"西"组成"要"等。

3．笔画、字根和汉字之间的关系

五笔字型把汉字分为 3 个层次，即笔画、字根、汉字，它们之间的关系如图 5.1.6 所示。

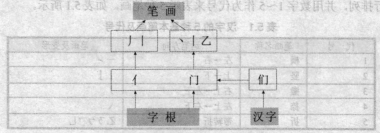

图 5.1.6　笔画、字根、汉字之间的关系

5.1.2　汉字的字型

在所有的方块字中，五笔字型将其分为 3 种类型：左右型、上下型、杂合型，并用 1，2，3 作为代号，如表 5.2 所示。字型是对汉字从整体轮廓上来区分的，这对确定汉字的五笔字型编码十分重要。

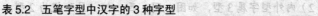

表 5.2　五笔字型中汉字的 3 种字型

代码	字型	图　示	字　例	特　征
1	左右		汉、湘、结、封	字根之间可有间距，总体左右排列
2	上下		字、莫、花、华	字根之间可有间距，总体上下排列
3	杂合		困、凶、旭、司、巫、申	字根之间虽有间距，但不分上下左右浑然一体，不分块

1. 左右型

左右型指汉字在总体结构上可以分成左右两部分或左中右三部分，且中间有一定的距离。左右型汉字中又分为两类。

（1）双合字。整个汉字可以明显地看出是由左右两部分组成，且中间有一定的距离，如图 5.1.7 所示。

（2）三合字：一个汉字可以明显地分成三部分，这三部分以左中右排列，其间有一定的距离；或者分成左右两部分，其间有一定的距离，而其中的左侧或右侧又可分为上下两部分，每一部分可以是一个基本字根，也可以是由几个基本字根组成，如图 5.1.8 所示。

　　图 5.1.7　左右型双合字　　　　　　　　　　　　　图 5.1.8　左右型三合字

2. 上下型

上下型是指汉字可以明显地看出是由上下两部分或上中下三部分组成，且各部分之间有一定的距离。上下型汉字又分为两类。

（1）双合字：整个汉字可以明显地看出是由上下两部分组成，且中间有一定的距离，如图 5.1.9 所示。

（2）三合字：一个汉字可以明显地分成上中下三部分，其间有一定的距离；或者整体分成上下两部分，其间有一定的距离，而其中的上侧或下侧又可分为左右两部分，每一部分可以是一个基本字根，也可以是由几个基本字根组成，如图 5.1.10 所示。

　　图 5.1.9　上下型双合字　　　　　　　　　　　　图 5.1.10　上下型三合字

3. 杂合型

杂合型是指组成汉字的各部分之间没有明显的左右或上下关系，各部分之间存在着相交、相连或包围的关系。主要有内外型汉字和单体汉字两种，也包括非上下型和非左右型汉字。即组成整个汉字的各部分之间不能明显地分成上下两部分和左右两部分的都属杂合型，如 5.1.11 所示。

图 5.1.11　杂合型汉字

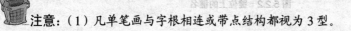

注意：（1）凡单笔画与字根相连或带点结构都视为 3 型。

（2）内外型字属3型，如困、同、西，但"见"视为2型。

（3）含两字根且相交的字属3型，如东、串、电、本。

（4）下含"走之"的字为3型，如进、逞、远、达。

5.2　五笔字型字根简介

在五笔字型中，字根是构成汉字的基本单位。我们把组字能力强，使用频率高的字根称为基本字根。五笔字型共选取了130个基本字根，所有汉字都是由这130个基本字根组成。

5.2.1　字根的键盘分布

五笔输入法将键盘上除"Z"键之外的 25 个字母键分为横、竖、撇、捺和折 5 个区，依次用代码1，2，3，4，5表示区号，每个区包括5个字母键，每个键称为一个位，依次用代码1，2，3，4，5表示位号。将每个键的区号作为第一个数字，位号作为第二个数字，组合起来表示一个键，即平常所说的"区位号"。其中，第一区放横起笔类的字根，第二区放竖起笔类的字根，第三区放撇起笔类的字根，第四区放捺起笔类的字根，第五区放折起笔类的字根。

字根的键盘分布规则是根据字根的首笔画代码属于哪一个区为依据，把130多个字根按一定的规律分布在键盘的 25 个字母键上，如图 5.2.1 所示。

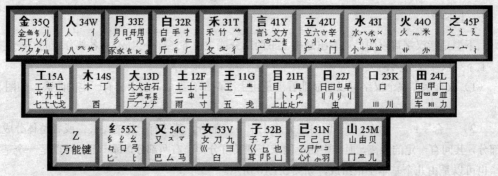

图 5.2.1　五笔字型字根键盘分布图

5.2.2　键位上的键名

键名是这个键位的键面上所有字根中最具有代表性的字根，而这个字根本身也是一个有意义的汉字（X 键上的"纟"除外），同时其组字频度也很高，如图 5.2.2 所示。

图 5.2.2　键位上的键名

5.2.3　组成汉字的字根结构

基本字根在组成汉字时，按照它们之间的位置关系可以分为单、散、连、交 4 种字根结构。

1. 单字根结构

单字根是指构成汉字的字根只有一个，即该字根本身就是一个汉字，无需对其拆分，如人、山、木等。这里需要强调的是，要将字根和笔画区别开来，构成汉字最基本的单位是字根而不是笔画，字根是由笔画按一定的方式组成的。

2. 散字根结构

散字根指构成汉字的基本字根不止一个，而且各字根之间有一定的距离，如吕、和、足、化等，在拆分时只要将每一个字根分离出来即可，这一类的汉字一般为左右型或上下型。

3. 连字根结构

连字根指构成汉字的基本字根是由一个基本字根连一单笔画，如"丿"连"目"成"自"，拆分时先找出单笔画，再拆分出与其相连的字根。

连的另一种情况是指带点结构，如勺、太等字中的点，可近可远，可以连，也可以不连。为了统一简化，有如下规定，一个基本字根前或后的独立点，一律视为是与基本字根相连的。由此可见，一切基本字根与单笔相连后构成的汉字，都不能分成有几个保持一定距离的部分。因此，在判断这一类汉字时，它们不可能是左右或上下型，而只能是杂合型。

4. 交字根结构

交字根指几个基本字根交叉套叠之后构成的汉字，基本字根之间没有距离。如"里"字是由"日"和"土"交叉构成的。

综上所述，对汉字的结构已有一个清晰的认识，这个认识在今后对汉字字型分类时，是非常重要的，归纳起来为：

（1）基本字根单独成字，在将来的取码中有它专门的规定，因而不需要判断字型。

（2）属于"散"的汉字，才可以分为左右型、上下型。

（3）属于"连"与"交"的汉字，一律属于 3 型。

（4）不分左右、上下的汉字，一律属于 3 型。

5.2.4　字根分布规律

仔细观察字根的键盘分布图就会发现，字根的分布是有规律可循的，初学者掌握这些字根分布规律将很容易记住这些字根。

1. 部分字根与键名汉字形态相近

键名汉字是指在同一键位上具有代表性的字根，25 个英文字母键每个键都对应一个键名汉字，与键名字根相似的字根都分配在该键名汉字所在的键位上，例如：

G 键（11）	王（键名汉字）	玊、王	（形近字根）
J 键（22）	目（键名汉字）	日、曰、冂	（形近字根）
L 键（24）	田（键名汉字）	甲、四、皿、罒	（形近字根）

W 键（34）	人（键名汉字）	八、癶、夊	（形近字根）
I 键（43）	水（键名汉字）	小、业、氺、亚	（形近字根）
P 键（45）	之（键名汉字）	廴、辶	（形近字根）
N 键（51）	已（键名汉字）	巳、尸、尸、乛、乙	（形近字根）
X 键（55）	纟（键名汉字）	幺、幺	（形近字根）

2. 单笔画个数与所在键的位号一致

对于单笔画的规定如下：

（1）单笔画位于每个区的第 1 位，如"一""丨""丿""丶""乙"分别位于区位号为 11，21，31，41，51 的键上。

（2）双笔画构成的字根位于每个区的第 2 位，如字根"二""刂""彡""冫""巛"分别位于区位号为 12，22，32，42，52 的键上。

（3）由 3 个单笔画构成的字根位于每个区的第 3 位，如字根"三""川""彡""氵""巛"分别位于区位号为 13，23，33，43，53 的键上。

（4）由 4 个单笔画构成的字根位于每个区的第 4 位，如字根"川""灬"分别位于区位号为 24 和 44 的键位上。

3. 字根的第一笔笔画代码与区号一致、第二笔笔画代码与位号一致

我们知道，字根的键盘分区是按照字根起笔笔画进行分区的，由此可判断一个字根位于哪个区，五笔字型发明人在键盘设计过程中，用字根的第二笔笔画代码决定字根的位号，下面列举一些例子，如表 5.3 所示。

表 5.3 字根的第一笔笔画与区号一致、第二笔笔画与位号一致实例

字 根	第一笔	第二笔	所在键位
土、十、寸、雨	横（1）	竖（2）	F（12）
上、止	竖（2）	横（1）	H（21）
白	撇（3）	竖（2）	R（32）
门	捺（4）	竖（2）	U（42）
纟、幺、幺	折（5）	折（5）	X（55）

5.2.5 字根助记词

王永民教授把五笔字型中的字根编写成类似口诀的助记词，读者只要反复背诵并加以实践，定会在不知不觉中记住字根与键位的对应关系。为了使读者快速掌握五笔字型的字根分布，下面给出了五笔字型的字根助记词，由于在字根口诀中许多字根不是汉字，没有读音，因此借用外形近似的汉字读音来表示，它们被放在被替代字根后的括号内。

1. 1 区字根

1 区字根如图 5.2.3 所示。

G 键（编码 11）："王旁青头（兼）五一"（"兼"与"戋"同音，借音转义）。

F 键（编码 12）："土士二干十寸雨"。

D 键（编码 13）："大犬三（羊）古石厂"（"羊"即字根"龶"）。

S 键（编码 14）："木丁西"。

A 键（编码 15）："工戈草头右框七"（"右框"即"匚"）。

图 5.2.3　1 区字根

2. 2 区字根

2 区字根如图 5.2.4 所示。

图 5.2.4　2 区字根

H 键（编码 21）："目具上止卜虎皮"（"具上"指具字的上部"且"，"虎皮"指字根"广"和"广"）。

J 键（编码 22）："日早两竖与虫依"。

K 键（编码 23）："口与川，字根稀"。

L 键（编码 24）："田甲方框四车力"（"方框"即"囗"）。

M 键（编码 25）："山由贝，下框几"（"下框"即"冂"）。

3. 3 区字根

3 区字根如 5.2.5 所示。

图 5.2.5　3 区字根

T 键（编码 31）："禾竹一撇双人立"（"双人立"即"彳"），"反文条头共三一"（"条头"即"夂"）。

R 键（编码 32）："白手看头三二斤"。

E 键（编码 33）："月衫乃用家衣底"（"彡"读衫，"家衣底"即"水、豕、K"）。

W 键（编码 34）："人和八，三四里"（"人"和"八"包含在 34 键，即 W 键上）。

Q 键（编码 35）："金勾缺点无尾鱼"（指"勹、鱼"），"犬旁留乂儿一点夕"（指"犭、乂、儿、夕"），"氏无七"（"氏"去掉"七"为"匚"）。

4. 4 区字根

4 区字根如图 5.2.6 所示。

Y 键（编码 41）："言文方广在四一"，"高头一捺谁人去"（"高头"即"亠"，"谁"去"亻"为"讠、圭"）。

图 5.2.6　4 区字根

U 键（编码 42）："立辛两点六门扩"。

I 键（编码 43）："水旁兴头小倒立"（"氵、业、ⱽⱽ"）。

O 键（编码 44）："火业头，四点米"（"业头"即"业"）。

P 键（编码 45）："之字军盖建道底"（"军盖"即"冖、宀"，"建道底"指"廴、辶"），"摘礻（示）衤（衣）（"摘礻衤即"礻"）。

5. 5 区字根

5 区字根如图 5.2.7 所示。

图 5.2.7　5 区字根

N 键（编码 51）："已半巳满不出己"，"左框折尸心和羽"（"左框"即"⊐"）。

B 键（编码 52）："子耳了也框向上"（"框向上"即"凵"）。

V 键（编码 53）："女刀九臼山朝西"（"山朝西"即"彐"）。

C 键（编码 54）："又巴马，丢矢矣"（"矣"去"矢"为"厶"）。

X 键（编码 55）："慈母无心弓和匕"（"母无心"即"彐"），"幼无力"（"幼"去"力"为"幺"）。

5.3　实例速成——使用金山打字通软件

金山打字通 2010 具有英文打字、拼音打字、五笔打字、速度测试四大功能模块，可以让用户从零开始逐步变为打字高手，它的界面如图 5.3.1 所示。

（1）英文打字。分为键位练习（初级）、键位练习（高级）、单词练习和文章练习。在键位练习的部分，通过配图引导以及合理的练习内容安排，帮助用户快速熟悉、习惯正确的指法，由键位记忆到英文文章全文练习，逐步让用户盲打并提高打字速度。单击该界面中的 英文打字 按钮，即进入英文打字练习界面，如图 5.3.2 所示。

（2）五笔打字。分 86 和 98 两个版本的编码，从字根、简码到多字词组逐层逐级的练习。单击该界面中的 五笔打字 按钮，即进入五笔字型打字练习界面，如图 5.3.3 所示。

（3）拼音打字。包括音节练习、词汇练习、文章练习。在音节练习阶段不但可以让用户了解拼音打字的方法，还可以帮助用户学习标准的拼音。同时还加入了异形难辨字练习、连音词练习，方言模糊音纠正练习以及 HSK（汉语水平考试）字词的练习。这些练习给初学汉语或者汉语拼音水平不高的用户提供了极大的方便，为拼音录入学习提供了全套的解决方案。单击该界面中的 拼音打字 按钮，即进入拼音打字界面，如图 5.3.4 所示。

图 5.3.1 金山打字通 2010 界面

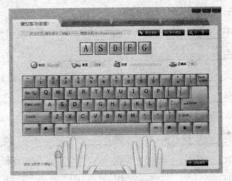

图 5.3.2 英文打字界面

图 5.3.3 五笔打字界面

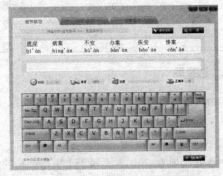

图 5.3.4 拼音打字界面

（4）速度测试。包括屏幕对照，书本对照，同声录入三种方式。其中，书本对照功能允许用户自行选择要测试的内容，也可以将软件内置的测试文章打印出来，作为测试素材。

（5）高级用法。金山打字通 2008 提供了多个行业的专业文章/词汇练习，通过使用金山打字通 2008 的练习功能，可以帮助用户以及智能输入法快速熟悉相关词库，极大提高专业文章录入速度。

本 章 小 结

本章主要介绍了汉字的层次、汉字的字型、字根的键盘分布、键位上的键名、组成汉字的字根以及字根的记忆等内容。通过本章学习，用户将会对五笔字型有一个整体的了解，这对今后熟练地用五笔字型输入法输入汉字是十分重要的。

轻 松 过 关

一、填空题

1. 五笔字型中将汉字笔画归纳为_____、_____、_____、_____、_____5 种。

2. 字根是构成汉字的基本单位，86 版五笔字型输入法中共选取了_____个基本字根。

3. 在所有的方块字中，五笔字型将其分为 3 种类型：_____、_____和_____。

4. 五笔输入法将键盘上除"Z"键之外的 25 个字母键分为_____、_____、_____、

_____和_____5个区。

5. 写出下列汉字的笔画代号。

王_____ 石_____ 七_____ 犬_____ 虫_____

由_____ 禾_____ 乍_____ 金_____ 病_____

文_____ 水_____ 门_____ 九_____ 甲_____

鸟_____ 雨_____ 巴_____ 已_____ 勿_____

6. 为以下汉字标记字型代号。

袋_____ 晨_____ 紧_____ 转_____ 猾_____

沉_____ 竟_____ 末_____ 年_____ 诀_____

柯_____ 煤_____ 错_____ 法_____ 闻_____

间_____ 冯_____ 量_____ 汀_____ 冰_____

秋_____ 胡_____ 汉_____ 淋_____ 济_____

树_____ 浏_____ 型_____ 通_____ 师_____

二、选择题

1. 五笔字型输入法根据汉字的字型，将汉字拆分成（　　）。

　　（A）笔画　　　　　　　　　　（B）ASCII 码

　　（C）字根　　　　　　　　　　（D）偏旁

2. 下列选项中，（　　）不属于上下型结构的汉字。

　　（A）盘　　　　　　　　　　　（B）格

　　（C）帮　　　　　　　　　　　（D）可

3. 下列选项中，属于第1区的字根的是（　　）。

　　（A）羊　　　　　　　　　　　（B）辶

　　（C）彡　　　　　　　　　　　（D）女

三、简答题

1. 简述五笔字根的分布和结构。

2. 什么是字根？基本字根的主要划分依据是什么？

四、上机操作题

1. 将以下字根按单、散、交、混合型分成五类。

一　　二　　三　　四　　五　　六　　七　　八　　九　　十

山　　工　　大　　儿　　之　　乃　　戈　　疒　　寸　　木

2. 已知"日、心、土、木、十、勹、二、儿、口、尸"为基本字根，请指出以下汉字哪些是散根结构、连笔结构和交叉结构。

杜　　果　　里　　必　　勺　　旡　　本　　坦　　吕　　户

兄　　农　　笔　　型　　足　　充　　首　　左　　页　　美

易　　表　　主　　义　　太　　斗　　头　　严　　非　　天

伊　　占　　平　　夷　　重　　士　　寸

第6章　五笔字型汉字拆分和输入

通过前面的学习，我们对汉字的结构有了一定的了解，也认识了五笔字型字根在键盘上的分布情况。但要想通过键盘来输入汉字，还必须学习汉字的编码规则，才能快速、准确地输入汉字。

本章要点

- ✅ 汉字拆分原则
- ✅ 汉字拆分流程图
- ✅ 末笔字型交叉识别码
- ✅ 五笔字型单字的编码规则
- ✅ 汉字偏旁部首的输入
- ✅ 容易拆错的汉字

6.1　汉字拆分原则

五笔字型输入法是将汉字拆分成几个字根，然后击打其字根编码输入到计算机中，而要确定一个汉字应拆分为哪几个字根，需要依据字根间的关系，并掌握一些拆分原则。

1. 书写顺序原则

在拆分汉字时，应按书写顺序，先左后右，先上后下，先横后竖，先撇后捺，先外后内，先中间后两边和先进门后关门。也就是说，按书写顺序拆分，拆分出的字根应为键面上有的基本字根。如：

洁=氵+士+口　　　　　　　（正确，按照从左到右、从上到下的顺序拆分）
洁=氵+口+士　　　　　　　（错误，违犯从从左到右、从上到下的书写顺序）

2. 取大优先原则

按照书写顺序拆分出的每个字根应尽量取键面上笔画数多的基本字根，并且保证拆出的字根数量最少。如：

拆=扌+斤+丶　　　　　　　（正确）
拆=扌+乙+丿+丶　　　　　　（错误，相对于上一种拆分，字根数量多）

3. 能散不连原则

在拆分汉字时，能拆分成散结构的字根就不要拆分成连的结构。如：

羊=丷+羊　　　　　　　　　（正确，两个字根之间是分散的关系）
羊=丷+三+丨　　　　　　　（错误，因为拆分的这3个字根之间是相连的关系）

4. 能连不交原则

在拆分汉字时，当一个字既可拆成相连的几个部分，也可拆成相交的几个部分时，将相交的部分视为一个整体，将汉字以相连的字根为组成字根进行拆分。如：

去＝土＋厶   （正确）

去＝十＋一＋厶   （错误，因为这样字根"十"与"一"就是交的关系了）

5. 兼顾直观原则

在拆分汉字时，应按照以上原则进行拆分，但还必须遵循习惯，拆分出的字根符合视觉直观，基本顾全汉字字根的完整性。

困＝囗＋木   （正确）

困＝门＋木＋一   （错误，拆分的字根不直观）

总之，拆分汉字时应当兼顾上述 5 个原则。一般说来，首先应当保证每次拆出最大的基本字根，在拆出字根数目相等的条件下，"散"比"连"优先，"连"比"交"优先。

总结其拆分口诀为：

单勿需拆，散拆简单，难在交连，笔画勿断。

能散不连，兼顾直观，能连不交，取大优先。

6.2   汉字拆分流程图

前面详细讲解了汉字输入的各种方法，现在将汉字输入方法总结成一个汉字输入流程图，如图 6.2.1 所示。希望读者能通过该图对前面学习的相关内容进行回顾与巩固。

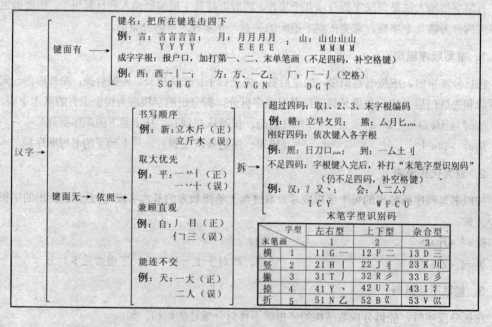

图 6.2.1   五笔字型汉字拆分流程图

6.3   末笔字型交叉识别码

对于拆不够 4 个字根的汉字，如果只输入其第一、二个字根，则会出现很多汉字需要从中进行选择。为了解决这个问题，五笔字型输入法采用了一种"末笔字型交叉识别码"的方法。

6.3.1 末笔字型交叉识别码的组成

末笔字型交叉识别码（简称识别码）是指将一个汉字的末笔笔画数字代码作为区号，汉字字型的数字代码作为位号，得到一个区位号，该区位号所对应的键就是该汉字的识别码。由此可知，识别码是由"末笔代码+字型代码"组成。汉字的笔画有5种，字型有3种，所以末笔字型交叉识别码共有15种，也就是每个区位的前三位是作为识别码来用的，如表6.1所示为末笔字型交叉识别码。

表6.1 末笔字型交叉识别码

字型代码 末笔代码	左右型（1）	上下型（2）	杂合型（3）
横（1）	11（G）	12（F）	13（D）
竖（2）	21（H）	22（J）	23（K）
撇（3）	31（T）	32（R）	33（E）
捺（4）	41（Y）	42（U）	43（I）
折（5）	51（N）	52（B）	53（V）

应牢牢掌握五笔字型输入法中的识别码，因为有很多汉字必须加入识别码，才能准确迅速地输入所需的汉字。

6.3.2 末笔字型交叉识别码的判断

要判断一个汉字的识别码，首先判断该汉字的最后一笔属于哪种笔画，然后再看该汉字是哪种字型，那么笔画代号与字型代号相连所对应的键就是该汉字的识别码。如表6.2所示列出了末笔字型交叉识别码的实例。

表6.2 末笔字型交叉识别码实例

汉字	末 笔	末笔代码	字 型	字型代码	识别码	编码
圣	一	1	上下型	2	12（F）	CFF
要	一	1	上下型	2	12（F）	SVF
叭	丶	4	左右型	1	41（Y）	KWY
沐	丶	4	左右型	1	41（Y）	ISY
末	丶	4	杂合型	3	43（I）	GSI
义	丶	4	杂合型	3	43（I）	CYI

6.3.3 末笔字型交叉识别码的特殊约定

我们在使用识别码输入汉字时，对汉字的末笔有一些约定，需要注意。

（1）关于"力"、"刀"、"九"、"匕"这些汉字笔顺常常因人而异，五笔字型中特别规定，当它们使用识别码时，一律以"伸"得最长的"折"笔作为末笔。如：

男：田、力 末笔为"乙"，末笔代码为5，编码为LLB。

花：艹、亻、匕 末笔为"乙"，末笔代码为5，编码为AWXB。

（2）对"辶"、"廴"、"囗"的半包围和全包围的汉字，它们的末笔规定为被包围部分的末笔。如：

因：囗、大 末笔为"丶"，末笔代码为4，编码为LDI。

迫：白、辶 末笔为"一"，末笔代码为1，编码为RPD。

（3）"我"、"戈"、"成"等字的末笔，由于因人而异，因此遵循"从上到下"的原则，一律规定撇"丿"为其末笔。如：

我：丿、扌、乙、丿   取一、二、三和末笔码，其编码为 TRNT。

戈：一、一、丿   取键名码、一、二和末笔码，其编码为 GGGT。

成：厂、乙、乙、丿   取一、二、三和末笔码，其编码为 DNNT。

（4）对于"刃"、"叉"、"勺"、"头"等字中的"单独点"，离字根的距离很难确定，可远可近，因此规定把"、"当做末笔，即末笔为捺笔画，并且认为"、"与相邻的字根是"连"的关系，所以为杂合型。如：

"刃"字的末笔为"、"，编码为 VYI。

"叉"字的末笔为"、"，编码为 CYI。

"勺"字的末笔为"、"，编码为 QYI。

"头"字的末笔为"、"，编码为 UDI。

6.4　五笔字型单字的编码规则

在五笔字型中，将汉字单字分为键面汉字和键外汉字两大类，下面具体介绍这两种类型汉字的编码规则。

6.4.1　键面汉字的输入

键面汉字是指在五笔字根键盘图中可以查看到的汉字，其实这些汉字本身也是基本字根，包括键名汉字、成字字根和 5 种单笔画。下面分别介绍这几种键面汉字的编码规则。

1. 键名字根的输入

为了便于用户记忆，在每个区位中选取一个使用频率很高的字根作为键名字，这个被选中的字根称为键名字根。键名字根又称键名汉字，共有 25 个，分布在键盘 25（除 Z 键外）个字母键上，它们位于字根键盘每个键位上的第一位置，如图 6.4.1 所示。

键名字根输入方法是：把所在的键连击四下（不再打空格键），即可输入键名字根。例：

王：王王王王 11 11 11 11（GGGG）　　　　又：又又又又 54 54 54 54（CCCC）

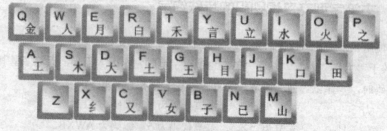

图 6.4.1　键位上的键名汉字

2. 成字字根输入

在五笔字型字根键位上，除了 25 个键名字根外，本身就是汉字的字根称为成字字根。成字字根的输入规则是键名码+首笔画码+次笔画码+末笔画码，共四码；当成字字根只有两笔时，输入规则是键名码+首笔画码+末笔画码，共三码，如表6.3所示。

表6.3　输入成字字根

成字字根	键名码	首笔码	次笔码	末笔码	编码
十	十（F）	一（G）		丨（H）	FGH
甲	甲（L）	丨（H）	乛（N）	丨（H）	LHNH
竹	竹（T）	丿（T）	一（G）	丨（H）	TTGH
文	文（Y）	丶（Y）	一（G）	丶（Y）	YYGY
刀	刀（V）	乛（N）		丿（T）	VNT

3. 单笔画的输入

单笔画是指五笔字型中汉字的5种基本笔画"一、丨、丿、丶、乙"。在国家标准中5种基本笔画都是作为汉字来对待的。在五笔字型中，单笔画的输入方法与成字字根的输入方法相同，但是按成字字根的输入方法，它们的编码只有两码，加一空格键也不够四码，因此五笔字型中规定5种单笔画的输入方法是击入键名后，再击一下该笔所在的键，然后再击两次"L"键，因为"L"键除了便于操作外，作为竖结尾的单体型字的识别键码不常用。

横（一）：GGLL（11　11　24　24）　　竖（丨）：HHLL（21　21　24　24）

撇（丿）：TTLL（31　31　24　24）　　捺（丶）：YYLL（41　41　24　24）

折（乙）：NNLL（51　51　24　24）

6.4.2　键外字的输入

键面字以外的汉字都是键外字，键外字又称复合字，是由基本字根组合而成的汉字。拆分这类汉字时，拆分出的字根数不同，有些可拆成4个字根，有些可拆成4个字根以上，而有些汉字只能拆分出两三个字根。根据拆分出字根的数量不同，输入方法也有所不同。

键外字是我们在输入汉字当中用得最多的。五笔字型汉字编码主要是键外字的编码，编码可以分为两类，纯字根码和识别码。如果一个汉字的字根是4个或超过4个，就用"前三后一"总共4个字根码组成编码；不足4个字根的汉字须补1个字型结构识别码，以增加区分汉字的信息量。

凡含4个或超过4个字根的汉字，取其第一、二、三、末4个字根码组成键外字的输入编码。这里一、二、三、末应按正常书写顺序，先左后右，先上后下，先外后内，下面分别进行介绍。

1. 四码汉字的输入

对于刚好拆分成四码的汉字，其取码方法是"依照书写顺序把4个字根取完"，如表6.4所示。

表6.4　四码汉字的输入

四码汉字	第一码 第一个字根码	第二码 第二个字根码	第三码 第三个字根码	第四码 第四个字根码	编码
恁	亻（W）	丿（T）	土（F）	心（N）	WTFN
镪	钅（Q）	弓（X）	口（K）	虫（J）	QXKJ
嗦	口（K）	三（D）	人（W）	禾（T）	KDWT
都	土（F）	丿（T）	日（J）	阝（B）	FTJB
规	二（F）	人（W）	冂（M）	儿（Q）	FWMQ

2. 超过四码汉字的输入

有些汉字拆分时字根数会超过四码，在输入这类汉字时，只需要取该汉字的第一个字根码、第二个字根码、第三个字根码及最后一个字根码，共四码组成，如表6.5所示。

表 6.5 超过四码汉字的输入

超过四码汉字	第一码 第一个字根码	第二码 第二个字根码	第三码 第三个字根码	第四码 最后一个字根码	编码
鹅	⺀（U）	弓（X）	丨（H）	一（G）	UXHG
蕲	艹（A）	⺀（U）	曰（J）	斤（R）	AUJR
綮	丶（Y）	尸（N）	攵（T）	小（I）	YNTI
整	一（G）	口（K）	小（I）	止（H）	GKIH

3. 不足四码汉字的输入

对于不足四码的汉字，如"旦"字拆分成"日、一"只有"JG"两码，因此要增加一个末笔字型交叉识别码"F"。又如"S"键上的"木"、"丁"、"西"与"I"键上的"氵"字根组成汉字"沐"、"汀"和"酒"，它们的编码都是"IS"，且字型结构都是左右型，在输入时计算机无法区分用户所需的汉字。为了进一步区分这些汉字，五笔字型编码方案中引入了末笔字型交叉识别码。它是由最后一笔笔画的类型编号和汉字的字型编号组成的，详见 6.3 节。

6.5 汉字偏旁部首的输入

在五笔字型输入法中，偏旁部首也可以直接输入，其输入方法与成字字根输入方法相同，即键名码+首笔画码+次笔画码+末笔画码。

特别要注意，有些偏旁部首不能在五笔字根键盘上直接找到，所以其拆分方法与普通汉字的拆分方法相同。如表 6.6 所示为常用汉字偏旁部首拆分方法，供用户参考练习。

表 6.6 偏旁部首拆分

偏旁	拆分字根	编码	偏旁	拆分字根	编码	偏旁	拆分字根	编码
艹	艹一丨丨	AGHH	夂	夂丿乙	TTNY	弋	弋一乙丶	AGNY
廾	廾一丿丨	AGTH	丿	（单笔）	TTLL	丨	（单笔）	HHLL
廿	廿一丨一	AGHG	冂	冂丨乙	MHN	刂	刂丨丨	JHH
匚	匚一乙	AGN	彳	彳丿丿丨	TTTH	口	口丨乙一	LHNG
钅	钅丿一乙	QTGN	亻	亻丿丨	WTH	扌	扌一丨一	RGHG
髟	髟彡丿	DET	冫	冫丶一	UYG	豸	四豕白	EER
彡	彡丿丿丿	ETTT	丬	丬丶一	UYGH	勹	勹丿乙	QTN
隹	亻一	WYG	疒	疒丶一一	UYGG	丶	（单笔）	YYLL
氵	氵丶丶一	IYYG	糸	丿幺小冫	TXIU	阝	阝乙丨	BNH
灬	灬丶丶丶	OYYY	衤	衤丶丿冫	PYI	纟	（键名）	XXXX
忄	忄丶丿丨	NYHY	尢	尢乙巛	DNV	中	中丨川	BHK
凵	凵乙丨	BNH	辶	辶丶乙	PYNY	聿	聿丨川	VHK
礻	礻丶丿	PUI	宀	宀丶丶乙	PYYN	巛	巛乙乙乙	VNNN
虍	丆七几	HAV	厶	厶乙丶	CNY	冖	冖乙丶	PYN
卩	乙卩丨	BNH	夊	夊乙丶	PNY			

6.6 容易拆错的汉字

初学者在拆分汉字时，容易拆错一些汉字，下面列出部分较难拆分的汉字，供用户参考使用，如

表6.7所示。

表6.7 较难拆分的汉字

汉字	拆分字根	编码	汉字	拆分字根	编码	汉字	拆分字根	编码
魂	二厶白厶	FCRC	彤	冂一彡	MYE	练	纟七乙八	XANW
特	丿扌土寸	TRFF	赛	宀卅贝	PFJM	行	彳二丨	TFHH
捕	扌一月丶	RGEY	助	月一力	EGL	未	二小	FII
夜	亠亻夂丶	YWTY	姬	女匚丨丨	VAHH	末	一木	GS
舞	𠂉卌一丨	RLGH	途	人禾辶	WTP	以	乙丶人	NYW
追	亻コ コ丨	WNNP	既	ヨ厶匚儿	VCAQ	面	一囗三	DMJD
貌	𥫗彐白儿	EERQ	曲	冂卄	MA	买	乙㇇大	NUDU
曳	曰匕	JXE	函	了㇇阝	BIB	凸	丨一冂一	HGMG
廉	广丷ヨ丨	YUVO	范	艹氵巴	AIB	励	厂厂乙力	DDNL
序	广マ而卩	YCB	承	了三八	BDI	遇	曰冂丨辶	JMHP
呀	口匚丨丨	KAHT	鬼	白儿厶	RQC	离	文凵冂厶	YBMC
饮	𠂉乙㇇人	QNQW	拜	手三十	RDFH	片	丿丨一乙	THGN
牛	𠂉丨十	RHK	翠	羽亠人十	NYWF	黄	卅由八	AMW
派	氵厂氏	IREY	身	丿冂三丿	TMDT	满	氵卄一人	IAGW
犹	犭丿尢乙	QTDN	所	厂丨斤	RNRH	豫	マ口勹家	CBQE
旅	方𠂉氏	YTEY	报	扌㇆又	RBC	柔	マ阝木	CBTS
年	𠂉丨十	RHFK	曾	丷丷囗日	ULJ	凹	几冂一	MMGD
乘	禾⺬匕	TUX	推	扌亻丨	RWYG	剩	禾⺬匕刂	TUXJ

6.7 实例速成——汉字拆分

下面例举一些汉字的拆分方法，以供读者参考，达到举一反三的目的。

（1）"啊"字拆分成"口""阝""丁""口"是正确的，因为它是按照书写顺序从左到右，从外到内来拆分的。如果拆分成"口""阝""口""丁"，则违反了"书写顺序"的规则，如图6.7.1所示。

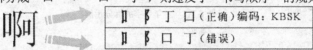

图6.7.1 "啊"字的拆分示例

（2）"爱"字拆分成"爫""冖""𠂇""又"是正确的，因为它是按照上下型结构，从上到下依次进行拆分的，其中根据"能散不连"原则，将下半部分的"友"拆分成了"𠂇"和"又"两部分。如果拆分成"爫""冖""一""夂"，则是错误的，如图6.7.2所示。

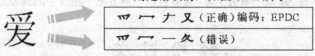

图6.7.2 "爱"字的拆分示例

（3）"医"字拆分成"匚""𠂉""大"是正确的，因为它属杂合型结构中的半包围类型，先将该汉字的外框结构部分拆分出来，然后根据"能散不连"原则将"矢"拆分成"𠂉"和"大"两部分。如果拆分成"匚""𠃊""人"，则是错误的，如图6.7.3所示。

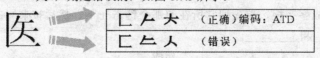

图6.7.3 "医"字的拆分示例

（4）"朱"字拆分成"𠂉"和"小"，若拆分成"𠂉"与"木"，则违背了"取大优先"的原则。

如图 6.7.4 所示。

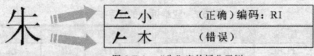

图 6.7.4 "朱"字的拆分示例

（5）"牛"字拆分成"⺇"和"丨"，若拆分为"丿"和"十"，则违背了"书写顺序"原则与"兼顾直观"原则。因为"牛"字属杂合型结构，故应加末笔字型交叉识别码"K"，如图 6.7.5 所示。

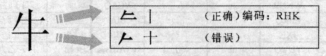

图 6.7.5 "牛"字的拆分示例

（6）"特"字拆分成"丿""扌""土"和"寸"是重点依据"能连不交"的原则，将左侧的"牜"拆分为"丿"与"扌"，如图 6.7.6 所示。

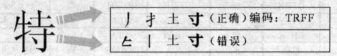

图 6.7.6 "特"字的拆分示例

（7）"年"字拆分成"⺇""丨"和"十"，拆分时应注意在五笔字型输入法中，有个别字的笔顺与书写习惯不一样，这些字须特别记忆，如图 6.7.7 所示。

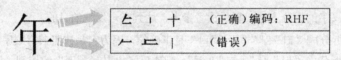

图 6.7.7 "年"字的拆分示例

本 章 小 结

本章主要介绍了五笔字型输入法汉字拆分原则、汉字拆分流程图、末笔字型交叉识别码、五笔字型单字的编码规则等内容。通过本章的学习，读者可以掌握五笔字型汉字的拆分方法，提高输入速度。

轻 松 过 关

一、填空题

1. 每个键上除了键名汉字外，还有一些完整的汉字，称之为_____。

2. 要键入一个成字字根，首先把它所在的那个键击一下，然后按书写的顺序依次击它的_____、_____和_____。

3. 识别码是由"_____+_____"组成。

4. 写出下列汉字的编码，若不足四码加上识别码。

安（　　） 学（　　） 共（　　） 高（　　） 深（　　）

异（　　）　　　族（　　）　　　团（　　）　　　谈（　　）　　　容（　　）

返（　　）　　　任（　　）　　　亚（　　）　　　珍（　　）　　　事（　　）

磨（　　）　　　询（　　）　　　厦（　　）　　　新（　　）　　　藏（　　）

雕（　　）　　　承（　　）　　　证（　　）　　　般（　　）　　　哈（　　）

械（　　）　　　棕（　　）　　　轼（　　）　　　餐（　　）　　　辊（　　）

二、选择题

1. 键面汉字包括（　　）。

    （A）键名汉字　　　　　　　　（B）成字字根

    （C）偏旁部首　　　　　　　　（D）单笔画

2. "市"字需要加上末笔交叉识别码才能输入，其编码为（　　）。

    （A）YMHH　　　　　　　　　（B）YMHJ

    （C）YMHK　　　　　　　　　（D）YMHL

三、简答题

1. 汉字的拆分原则是什么？

2. 简述如何分辨末笔字型的交叉识别码？

3. 如何输入成字字根？

四、上机操作题

1. 在记事本中输入键面汉字和5种单笔画，进行反复练习。

2. 拆分下列汉字，并写出其拆分字根和编码。

斜_____　　　喜_____　　　激_____　　　甚_____

落_____　　　建_____　　　稿_____　　　载_____

特_____　　　殊_____　　　徽_____　　　瘫_____

胸_____　　　舞_____　　　寒_____　　　淘_____

第 7 章 五笔字型的简码和词组

要想提高五笔字型的输入速度，除了要掌握汉字输入方法外，还应学习简码与词组的输入。简码与词组的输入方法与输入汉字的方法相似，读者只要掌握好前面学习的内容，学习本章就轻而易举了。

本章要点

- 五笔字型简码的输入
- 五笔字型词组的输入

7.1 五笔字型简码的输入

在五笔字型输入方法中，为了提高输入汉字的速度，将大量常用汉字的编码进行了简化，当输入这些汉字时只须取它的第一个、前两个或前三个字根编码进行输入即可，称为简码输入。简码分为三级，包括一级简码、二级简码和三级简码。

7.1.1 一级简码

一级简码又叫高频字，是五笔字型定义的使用最频繁的 25 个汉字，五笔字型将这 25 个汉字定义在 25 个键位上，如图 7.1.1 所示。一级简码的输入方法是击打简码字所在的键位，再击打空格键。如输入"工"字，按一下"A"键，再按空格键输入。

图 7.1.1 一级简码

一级简码与另外一些字组成词组时，需要取其前一码或前两码，所以在熟记其一级简码代码的同时，也有必要熟记其前两码。

7.1.2 二级简码

所谓"二级简码"是指汉字的编码只有两位。在五笔字型中汉字的全码是四码，为了加快输入频率，把一些使用频率较高的汉字作为二级简码，共有 25×25=625 个，其输入方法是击打汉字的前两个字根的编码，再击打空格键即可。"检"字的全码输入如图 7.1.2 所示，而"检"被定为二级简码，减少了键位码的输入，如图 7.1.3 所示。

检＝检＋检＋检＋检

图 7.1.2　"检"字的全码

检＝检＋检＋空格键

图 7.1.3　"检"字的简码输入

　　下面列出五笔字型中的所有二级简码，其中为空的表示该键位上没有对应的二级简码，如表 7.1 所示。

表 7.1　五笔字型二级简码

	GFDSA	HJKLM	TREWQ	YUIOP	NBVCX
	11－－－15	21－－－25	31－－－35	41－－－45	51－－－55
G11	五于天末开	下理事画现	玫珠表珍列	玉平不来	与屯妻到互
F12	二寺城霜载	直进吉协南	才垢圾夫无	坟增示赤过	志地雪支
D13	三夯大厅左	丰百右历面	帮原胡春克	太磁砂灰达	成顾肆友龙
S14	本村枯林械	相查可楞机	格析极检构	术样档杰棕	杨李要权楷
A15	七革基苛式	牙划或功贡	攻匠菜共区	芳燕东　芝	世节切芭药
H21	睛睦睚盯虎	止旧占卤贞	睡睥肯具餐	眩瞳步眯瞎	卢　眼皮此
J22	量时晨果虹	早昌蝇曙遇	昨蝗明蛤晚	景暗晃显晕	电最归紧昆
K23	呈叶顺呆呀	中虽吕另员	呼听吸只史	嘛啼吵　喧	叫啊哪吧哟
L24	车轩因困轼	四辊加男轴	力斩胃办罗	罚较　辚边	思团轨轻累
M25	同财央朵曲	由则　崭册	几贩骨内风	凡赠峭嵝迪	岂邮　凤嶷
T31	生行知条长	处得各务向	笔物秀答称	入科秒秋管	秘季委么第
R32	后持拓打找	年提扣押抽	手折失换	扩拉朱搂近	所报扫反批
E33	且肝须采肛	胪胆肿肋肌	用遥朋脸胸	及胶膛膦爱	甩服妥肥脂
W34	全会估休代	个介保佃仙	作伯仍从你	信们偿伙	亿他分公化
Q35	钱针然钉氏	外旬名甸负	儿铁角欠多	久匀乐炙锭	包凶争色
Y41	主庆庆订度	让刘训为高	放诉衣认义	方说就变这	记离良充率
U42	闰半关亲并	站间部曾商	产瓣前闪交	六立冰普帝	决闻妆冯北
I43	汪法尖洒江	小浊澡渐没	少泊肖兴光	注洋水淡学	沁池当汉涨
O44	业灶类灯煤	粘烛炽烟灿	烽煌粗粉炮	米料炒炎迷	断籽娄烃糨
P45	定守害宁宽	寂审宫军宙	客宾家空宛	社实宵灾之	官字安　它
N51	怀导居　民	收慢避惭届	必怕　愉懈	心习悄屡忱	忆敢恨怪尼
B52	卫际承阿陈	耻阳职阵出	降孤阴队隐	防联孙耿辽	也子限取陛
V53	姨寻姑杂毁	曳旭如舅妞	九　奶婚	妨嫌录灵巡	刀好妇妈姆
C54	骊对参骠戏	骒台劝观	矣牟能难允	驻骈　驼	马邓艰双
X55	线结顷　红	引旨强细纲	张绵级给约	纺弱纱继综	纪弛绿经比

　　用户在查阅二级简码时，左侧竖排编码为该汉字简码的第一码，上方的横排编码为该汉字简码的第二码，两者合起来变成该汉字二级简码的编码。如"线"字对应的第一码为"X"，对应的第二码为"G"，因此"线"的二级简码为"XG"，在输入时只须要输入编码"XG"即可输入该字。

7.1.3　三级简码

　　三级简码指汉字的编码只有三码。三级简码选取是只要该字的前三个字根能唯一地代表该字，就把它选为三级简码。

三级简码的输入方法是取该汉字前三码，再加空格键即可，三级简码看起来也要输入四码，但它减少了对末笔字型交叉识别码或末笔编码的判定，这样也会提高输入速度，如图7.1.4所示为三级简码的输入。

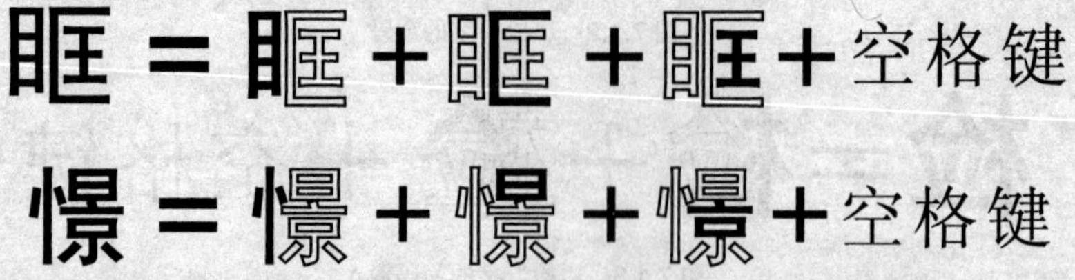

$$眶 = 眶 + 眶 + 眶 + 空格键$$

$$憬 = 憬 + 憬 + 憬 + 空格键$$

图7.1.4　三级简码的输入

在五笔字型输入法中，由于具有各级简码的汉字总数已有5 000多个，它们已占了常用汉字的绝大多数，因此，使得编码输入变得非常简明直观，如能熟悉这些简码的输入，可以大大地提高汉字录入效率。

7.2　五笔字型词组的输入

为了提高输入速度，五笔字型还提供了词组输入方法。所谓词组是指由两个或两个以上的汉字构成的汉字串，包括有二字词组、三字词组、四字词组和多字词组，其编码一律为四码，取码规则因词组长短而异。

7.2.1　二字词的输入

二字词的输入方法是分别取第一个汉字的前两个字根编码和第二个汉字的前两个字根编码，共四码组成，如表7.2所示。

表7.2　二字词输入示例

词　组	第一码 第一个汉字的 第一字根码	第二码 第一个汉字的 第二字根码	第三码 第二个汉字的 第一字根码	第四码 第二个汉字的 第二字根码	编　码
机器	木（S）	几（M）	口（K）	口（K）	SMKK
汉字	氵（I）	又（C）	宀（P）	子（B）	ICPB
拥军	扌（R）	用（E）	冖（P）	车（L）	REPL
寒冷	宀（P）	二（F）	冫（U）	人（W丿）	PFUW
感情	厂（D）	一（G）	忄（N）	龶（G）	DGNG

7.2.2　三字词的输入

三字词的输入方法是前两个字各取其第一码，最后一个字取其前两码，共为四码，如表7.3所示。

表7.3　三字词输入示例

词　组	第一码 第一个汉字的 第一字根码	第二码 第二个汉字的 第一字根码	第三码 第三个汉字的 第一字根码	第四码 第三个汉字的 第二字根码	编　码
西安市	西（S）	宀（P）	亠（Y）	门（M）	SPYM
日记本	日（J）	讠（Y）	木（S）	一（G）	JYSG
多功能	夕（Q）	工（A）	厶（C）	月（E）	QACE
运动员	二（F）	二（F）	口（K）	贝（M）	FFKM
奥运会	丿（T）	二（F）	人（W）	二（F）	TFWF

7.2.3 四字词的输入

四字词的输入方法是分别取 4 个字的第一码，共为四码，如表 7.4 所示。

表 7.4 四字词输入示例

词　组	第一码	第二码	第三码	第四码	编码
	第一个汉字的第一字根码	第二个汉字的第一字根码	第三个汉字的第一字根码	第四个汉字的第一字根码	
挥金如土	扌（R）	金（Q）	女（V）	土（F）	RQVF
十全十美	十（F）	人（W）	十（F）	丷（U）	FWFU
与日俱增	一（G）	日（J）	人（W）	土（F）	GJWF
操作系统	扌（R）	亻（W）	丿（T）	纟（X）	RWTX
信息管理	亻（W）	丿（T）	竹（T）	王（G）	WTTG

7.2.4 多字词的输入

多字词的输入方法是取第一、第二、第三及最末一个字的第一码，如表 7.5 所示。

表 7.5 多字词输入示例

词　组	第一码	第二码	第三码	第四码	编码
	第一个汉字的第一字根码	第二个汉字的第一字根码	第三个汉字的第一字根码	最末字的第一字根码	
律师事务所	彳（T）	刂（J）	一（G）	厂（T）	TJGT
四项基本原则	囗（L）	工（A）	卅（A）	贝（M）	LAAM
发展中国家	乙（N）	尸（N）	口（K）	宀（P）	NNKP

7.3 实例速成——用五笔字型输入文档

本例使用五笔字型输入文档，综合运用输入法的各种输入技巧提高输入速度，如图 7.3.1 所示。

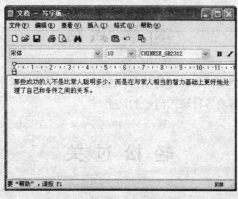

图 7.3.1 效果图

操作步骤

（1）选择 开始 → 程序(P) → 附件 → 写字板 命令，打开写字板程序。

（2）将输入法切换到五笔字型输入法，在写字板窗口输入词组"那些"的编码"VFHX"后，词组"那些"即可输入，如图 7.3.2 所示。

（3）输入"成功"的编码"DNAL"可输入"成功"二字；输入一级简码"的"的编码"R"，

再按空格键即可输入，如图 7.3.3 所示。

图 7.3.2　输入二字词

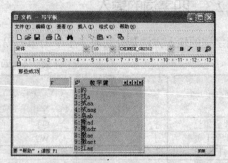

图 7.3.3　输入一级简码"的"

（4）继续输入文档，其中"人""不""是""在""上""了""和"采用一级简码输入。

（5）输入单字"比"的编码"XX"，由于"比"在候选框的第 1 位，按空格键后即可输入，如图 7.3.4 所示。

（6）输入键名字"之"的编码"PP"，按空格键后即可输入，如图 7.3.5 所示。

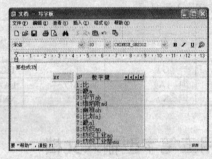

图 7.3.4　输入单字

图 7.3.5　输入键名字

（7）按照同样的方法在写字板中输入文档的剩余内容，如图 7.3.1 所示。

本 章 小 结

本章主要介绍了五笔字型简码和词组的输入，通过本章的学习，对今后快速、准确地键入汉字非常有用，使读者成为一个可解决各种输入问题的高手。

轻 松 过 关

一、填空题

1. 每一个键位上的字根形态特征，在 5 个区的 25 个键位上，每键安排一个使用频率最高的汉字，称为_____，即_____。

2. 二级简码是由汉字全码中的_____来作为该字的代码，现按一个_____表示结束。

3. 三级简码是用单字全码中的_____来作为该字的代码。

4. 写出下列各汉字、词组的五笔字型编码。

单字：东_____南_____西_____北_____。

双字：电脑＿＿＿＿＿＿＿＿操作＿＿＿＿＿＿＿＿语文＿＿＿＿＿＿＿＿老师＿＿＿＿＿＿＿＿。

三字：辽宁省＿＿＿＿＿＿＿＿计算机＿＿＿＿＿＿＿＿。

四字：艰苦奋斗＿＿＿＿＿＿＿＿少数民族＿＿＿＿＿＿＿＿五笔字型＿＿＿＿＿＿＿＿

多字：中央电视台＿＿＿＿＿＿＿＿全国人民代表大会　＿＿＿＿＿＿＿＿新疆维吾尔自治区＿＿＿＿＿＿＿＿。

二、简答题

1. 简述一级简码、二级简码和三级简码。

2. 如何输入汉字的词组？

三、上机操作

1. 选择五笔字型输入法，按区顺序键入 25 个一级简码，要求 5 个一组，组与组之间用空格分开。

2. 对五笔字型二级简码按键的区位顺序逐个输入，至少练习三遍。

3. 在"记事本"程序中输入键名汉字并反复练习。

4. 根据词组的取码规则，在写字板中反复练习输入下面的词组。

向阳	向往	年历	年代	年纪	布鞋	乐队	乐趣	生产
相同	基本	世界	轨道	档案	暴动	复查	笔记	动工
马虎	节能	切磋	伴随	固有	苍茫	简陋	联营	矿藏
窝藏	毁灭	百倍	变化	化验	难受	付出	工作	教育
节目	牵涉	雪花	建设	国家	家具	菠菜	水果	利用
工期	仪式	肮脏	优秀	科技	新闻	闻名	沙子	栽培
偿还	识破	影子	宾馆	饭店	文字	五笔	公安	窗子
租赁	友好	解决	投资	环境	游戏	规则	成都	深刻
共产党	西安市	四川省	数据库	研究所	编辑部	卫生部	多面手	半边天
自然界	人民币	电影院	动物园	主人翁	座右铭	体育馆	全世界	电视台
生产力	海南省	自行车	林业部	新中国	司法部	解放军	委员会	出版社
邮政编码	开户银行	法人代表	国民经济	引进技术	中心任务			
自动检测	资本主义	专业对口	清规戒律	引人注目	衣食住行			
行之有效	马到成功	专用设备	艰苦奋斗	中国银行	蒸蒸日上			
中国社会科学院	居民身份证	国家气象局	马克思列宁主义	中国人民解放军				
人大常委会	西藏自治区	新技术革命	新华通讯社	四个现代化				
国务院机关事务管理局	打破沙锅问到底	企事业单位	据不完全统计					

第 8 章　五笔字型输入法技巧

要提高使用五笔字型输入法输入汉字的速度,不仅要学会有关五笔字型输入法的基础知识,还必须掌握一定的输入技巧,通过本章的学习,用户可以提高输入速度。

本章要点

- 重码
- 容错码
- 万能学习键
- 五笔字型输入技巧
- 五笔字型输入法高级设置

8.1　重　　码

在五笔字型中,将极少一部分无法唯一确定编码的汉字用相同的编码来表示,这些具有相同编码的汉字称为"重码字"。如"雨"和"寸"字的编码都是"FGHY"。

五笔字型对重码字按其使用频率做了分级处理。输入重码字的编码时,重码字同时显示在提示行,而较常用的字排在第一个位置上。

当输入重码字时,如果需要的就是那个比较常用的字,则只管输入下文,这个字可自动跳到光标所在的位置上。如果需要的是不常用的那个字,则必须根据重码字前面的数字键"1,2,3,…"进行选择,即可将所要的字输入。

例如:输入编码"FKUK"后,五笔输入的提示行中出现"1:喜2:嘉",如图 8.1.1 所示。如果需要输入的是"喜",就不必选择,只管输入下文,"喜"字会自动出现在光标所在的位置;如果需要的是"嘉"字,则需要击一下数字键"2"。

图 8.1.1　重码字

为了进一步减少重码,提高输入速度,在五笔字型汉字输入法中特别定义了一个后缀码"L",即把重码字中使用频率度较低的汉字编码的最后一个编码改成后缀码"L"。这样,在输入使用频率较高的重码汉字时用原码,输入一个使用频度较低的重码汉字时,只要把原来单字编码的最后一码改成"L"即可。这样两者都不必做任何特殊处理或增加按键就能输入,从而再次把重码字区别开来。掌握了这一方法后,在输入一级汉字的范围内,就可以不用再担心遇到重码,同时也提高了汉字的输入速度。

8.2　容　错　码

容错码是为了解决书写习惯和顺序中不好处理的一些特殊汉字的编码而设计的,对少数比较容易出错的汉字,即使输入错误,计算机也能显示正确的汉字。但不是所有的错误都能纠正,只是较容易出错的一些汉字可以纠正。目前大约有 1 000 个容错码,容错主要分为以下 3 种类型:

1．拆分容错

有些汉字的书写顺序因人而异，因此五笔字型编码方案规定，允许某些习惯顺序的输入。如"长"字的标准拆分顺序为"丿"、"七"、"丶"，识别码为"43"，编码为"TAYI"，但按照书写顺序的不同，还存在以下 3 种编码方案：

（1）长：七、丿、丶、冫，其编码为 ATYI。

（2）长：丿、一、丨、丶，其编码为 TGNY。

（3）长：一、丨、丿、丶，其编码为 GNTY。

2．字型容错

在输入汉字时，有的汉字字型不明确，在判断时容易出错。如：

"击"字的标准拆分顺序为"二"、"山"，其编码为"FMK"（杂合型），而容错的编码为"FMJ"（上下型）。

"连"字的标准拆分顺序为"车"、"辶"，其编码为"LPK"（末笔识别码为"丨"杂合型），而容错的编码为"LPD"（末笔识别码为"一"杂合型）。

"占"字的标准拆分顺序为"卜"、"口"，其编码为"HKF"（上下型），而容错的编码为"HKD"（杂合型）。

3．版本容错

版本容错是指不同版本输入法之间的编码方案也可能会有所不同，为了使老用户也能够使用最新版本，所以设计了一些版本容错编码方案。如：

"拾"字的拆分顺序为"扌"、"人"、"一"、"口"，编码为"RWGK"，而容错的拆分顺序为"扌"、"合"、"口"，编码为"RWKG"。

8.3　万能学习键

初学五笔字型最大的困难是记不住字根以及字根在键盘上的分布，如果在输入时去查字根的分布图是很麻烦的。为了提高五笔输入速度，将"Z"键称为万能学习键。万能学习键不但可以帮助我们掌握和巩固字根分布，而且可以代替"识别码"把字找出来，还能告诉用户"识别码"是什么。在拆字过程中一时记不清字根所在键位或对某一汉字的拆分一时难以确定时，也可以寻求万能学习键进行帮助。

例如，当输入"键"时，记不清第 2，3 个字根所对应的键位时，就可以用"Z"键来代替输入第 2，3 字根所在的键位代码，即输入"QZZP"，此时会弹出一个重码提示框，如图 8.3.1 所示。从图中可以看出提示行中将编码中含有"W，P"的所有汉字都显示出来，并且每个字后边都显示有汉字的正确编码，这样不仅可以输入"键"字，也知道了"键"字的第 2 个字根在 V 键上，第 3 个字根在 F 键上，"键"字的编码为"QVFP"。

图 8.3.1　输入 QZZP 后的重码提示框

从上面举的例子中可以知道，"Z"键功能的设计，不仅可以帮助我们输入汉字，而且有助于学习有关汉字的正确编码，这样可以使每个稍懂汉字分解的人，一坐到计算机旁，就可以学会输入任何汉字，只不过开始时稍慢一些。通过人机互学，熟练程度会迅速提高。

8.4 五笔字型输入技巧

掌握输入法操作技巧有利于提高输入速度，增强工作效率。

8.4.1 手工造词

在输入过程中发现，按照词组输入方法输入词组编码，却找不到所需的词组，这是因为五笔字型输入法输入的词组是输入法认定的，而且该词组必须存在于编码词库中，我们之所以找不到该词，就是由于该词没有存在于编码词库中。为了解决这个问题，五笔输入法提供了手工造词功能，通过该功能就可以将在工作中经常遇到的词组添加到编码词库中，从而提高了输入汉字的速度。

手工造词的具体操作步骤如下：

（1）用鼠标指针移到五笔字型输入法状态条的任意位置（除 按钮外）上，单击鼠标右键，在弹出的快捷菜单中选择 手工造词 命令，弹出 手工造词 对话框，如图 8.4.1 所示。

图 8.4.1 启动"手工造词"程序

（2）在对话框中选中 造词 单选按钮，然后在"词语"文本框中输入要造的词，这里我们输入"长虹集团"，在"外码"文本框中会自动出现其对应的五笔编码"TJWL"，如图 8.4.2 所示。

（3）单击 添加(A) 按钮，这样"长虹集团"即可被添加到编码词库中，如图 8.4.3 所示。

（4）单击 关闭(C) 按钮，再输入词组"长虹集团"的编码时，在汉字编码提示框中将会出现，手工造词设置成功，如图 8.4.4 所示。

图 8.4.2 输入词组

图 8.4.3 添加词组

图 8.4.4 手工造词设置成功

8.4.2 在线造词

在线造词是指在输入汉字的过程中即可进行造词的功能。使用五笔字型输入法在线造词的步骤为：按下"Ctrl+~"组合键，启动在线造词功能，如图8.4.5所示。然后输入要造的词，例如输入"神雕侠侣"，然后按"Ctrl+~"组合键，将弹出 自定义词语 对话框，如图8.4.6所示，单击 是 按钮结束在线造词。刚才所输入的词组自动被赋予正确的编码并被系统记忆，以后输入"PMWW"就可以直接输入"神雕侠侣"了，减少了输入键位。

图8.4.5　启动"在线造词"　　　　图8.4.6　"自定义词语"对话框

8.4.3　输入生僻字

用户在使用五笔输入法输入汉字的过程中，往往会遇到不能被输入的特殊字符和生僻汉字，我们可以通过Windows XP操作系统自带的字符映射表进行输入，其中可选择的汉字或字符很多。

例如，要用五笔字型输入法输入"鲱"字，按汉字拆分的方法，不能被输入，我们就可以用输入生僻字的方法进行输入。操作步骤如下：

（1）在桌面上单击 开始 按钮，选择 所有程序(P) → 附件 → 系统工具 → 字符映射表 命令，打开如图8.4.7所示的"字符映射表"窗口。

（2）在"字符映射表"窗口的"字体"下拉列表框中选择一种字体，这里选择"黑体"，如图8.4.8所示。

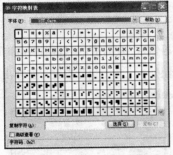

图8.4.7　"字符映射表"窗口　　　　图8.4.8　选择字体

（3）拖动对话框右侧的滚动条，找到所需要的汉字，如图8.4.9所示。选中后，单击 选择(S) 按钮，然后再单击 复制(C) 按钮，粘贴到编辑的文档中即可，如图8.4.10所示。

图8.4.9　找到需要的汉字　　　　图8.4.10　粘贴生僻字

8.4.4 用"拼音"学"五笔"

在使用五笔字型输入法时，难免会遇到一些不好拆分的汉字，比如"凹"字。这时，用户可以用"全拼输入法"来查询该字的五笔编码，方法如下：将输入法切换到"全拼输入法"状态，用鼠标右键单击输入法状态条，在弹出的快捷菜单中选择 设置... 命令，弹出 输入法设置 对话框，在该对话框的 编码查询：列表框中，选择五笔型，然后单击 确定 按钮，如图 8.4.11 所示。然后，输入拼音"ao"，则在拼音输入框中给出"凹"字的五笔编码"MMGD"。

图 8.4.11 用"全拼输入法"学习"凹"字的"五笔"编码

8.5 五笔字型输入法高级设置

为了提高使用五笔字型输入法的输入速度，可根据自己的需要设置五笔字型输入法的使用功能。

8.5.1 设置输入法属性

设置五笔字型输入法属性包括设置词语联想、词语输入、逐渐提示、外码提示和光标跟随等内容。

在五笔字型输入法状态条的任意位置（除 按钮外）上单击鼠标右键，在弹出的快捷菜单中选择 设置... 命令，弹出 输入法设置 对话框，如图 8.5.1 所示。

图 8.5.1 打开"输入法设置"对话框

各功能用途如下：

（1）词语联想：启用该功能后，输入某个字或词组时，候选框中显示以该字或词组开头的相关词组。最好不要轻易启用词语联想，这样不但增多击键次数，而且为了看联想词组，会影响输入速度。

（2）词语输入：启用该功能后可按输入词组的方法直接输入词语。如要输入词语"汉字"，只需按编码"ICPB"对应的键即可；否则只能进行单个字的输入，建议选中该复选框。

（3）逐渐提示：启动该功能后，候选框中将显示所有以按下的编码开始的字和词，以方便选择；否则不会出现候选框，建议启动该功能。

（4）光标跟随：启用光标跟随功能，此时汉字输入框会跟随鼠标光标而移动，否则，汉字输入框位于窗口的下方，不会随鼠标光标而移动，建议启用该功能。

（5）外码提示：启动该功能后，系统会在候选框中给出相应汉字的五笔编码提示，有利于初学者记住编码并快速输入汉字。此功能依附于逐渐提示功能，只有选中 ☑ 外码提示 复选框才有效。

8.5.2 将五笔输入法设置为默认输入法

Windows 操作系统默认的输入法为英文输入法，我们将五笔输入法设为默认的输入法后，在启动计算机时无须任何切换操作，五笔输入法就为当前使用的输入法，其具体操作步骤如下：

（1）用鼠标右键单击任务栏中的"输入法"图标 ▦ ，在弹出的下拉列表中单击 设置(E)... 选项，弹出 文字服务和输入语言 对话框。

（2）单击"默认输入语言"文本框后的 ∨ 按钮，在弹出的下拉列表框中选择"中文（中国）王码五笔字型输入法 86 版"选项，如图 8.5.2 所示。单击 确定 按钮完成设置并关闭对话框。

图 8.5.2 设置五笔输入法为默认输入法

8.6 实例速成——手工造词

通过本章的学习，用户应重点掌握重码、容错码、万能学习键及手工造词的应用。下面对词组"有志者事竟成"进行手工造词，操作步骤如下：

（1）在五笔字型输入法状态条的任意位置上单击鼠标右键，在弹出的快捷菜单中选择 手工造词 命令，弹出 手工造词 对话框。

（2）在弹出的对话框中选中 ⊙ 造词 单选按钮。

（3）在"词语"文本框中输入"有志者事竟成"，在"外码"文本框中会自动出现其输入编码"effd"，如图 8.6.1 所示。

（4）单击 添加(A) 按钮，添加到"词语列表"的列表框中，然后单击 关闭(C) 按钮关闭此对话框即可。

（5）以后在输入"有志者事竟成"时，只需输入编码"effd"即可。

图 8.6.1 手工造词

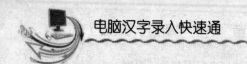

本 章 小 结

本章主要介绍了输入法技巧，包括重码、容错码、万能学习键、五笔字型输入技巧、五笔字型输入法高级设置等内容。这对于从事文字输入和编码的人员是非常重要的。通过本章的学习，可使读者成为一个可解决各种输入问题的高手。

轻 松 过 关

一、填空题

1. 识别码是由_____和_____组成的。

2. 万能学习键是指_____，它的作用是_____。

3. 按_____组合键，启动五笔字型输入法在线造词功能。

4. 要设置五笔输入法"外码提示"功能，需要先开启_____功能。

5. 对下面的词语进行在线造词，并写出其编码。

强中更有强中手_____　　　　　为中华之崛起而读书_____

团结就是力量_____　　　　　先天下之忧而忧_____

为伊消得人憔悴_____　　　　　心有灵犀一点通_____

二、选择题

1. 在拆字过程中，若记不清字根所在键位或对某一汉字的拆分不清楚的时候，可以借助（　　）来完成输入。

（A）重码　　　　　　　　　　　　（B）万能学习键

（C）容错码　　　　　　　　　　　（D）字型容错

2. 进入系统后，默认使用的输入法是（　　）。

（A）没有输入法　　　　　　　　　（B）英文输入法

（C）五笔输入法　　　　　　　　　（D）万能输入法

三、简答题

1. 怎样区分重码和容错码？

2. 如何运用万能学习键？

四、上机操作题

1. 使用字符映射表输入"為、煒、燚、糺、簪、紋"。

2. 在电脑上安装"搜狗五笔输入法"，并将其设置为默认的输入法。

第 9 章　王码五笔字型输入法 98 版

王码五笔字型输入法 98 版是在 86 版编码思想的基础上发展而来的，它的出现解决了 86 版输入法存在的一些不规范的编码问题，98 版与 86 版在编码思路上有相同之处，原使用 86 版输入法的用户在很短时间内即可过渡到 98 版输入法。

本章要点

- 98 版五笔字型输入法简介
- 98 版五笔字型输入法码元分布
- 98 版王码编码的输入
- 98 版简码的输入
- 98 版词组的输入
- 86 版用户学习 98 版五笔字型输入法

9.1　98 版五笔字型输入法简介

1998 年，王码公司推出了"98 王码系列软件"，其中 98 版五笔字型是在 86 版五笔字型的基础上研究出的音码形码兼容、简体繁体相容的一种汉字输入法。98 版五笔字型除了具有 86 版的特点外，还新增了许多新的功能，主要体现在以下几方面。

（1）能够取字造词或批量造词。

（2）能够编辑码表。

（3）能够支持重码动态调试。

（4）能够提供内码转换器，从而实现内码转换。

9.1.1　98 版五笔字型输入法的新特点

由于 98 版是在 86 版的基础上发展而来的，因此它除了具有 86 版的优点外，还具有以下新特点：

（1）动态取字造词或批量造词。用户可随时在编辑文章的过程中，从屏幕上取字造词，并按编码规则自动合并到原词库中一起使用；也可利用 98 王码提供的词库生成器进行批量造词。

（2）允许用户编辑码表。用户可根据自己的需要对五笔字型编码和五笔画编码进行直接编辑修改。

（3）实现内码转换。不同的中文平台所使用的内码并非都一致，利用 98 王码提供的多内码文本转换器可进行内码转换，以兼容不同的中文平台。

不同的中文系统往往采用不同的机器内码标准，如 GB 码（国标码）、我国台湾地区的 BIG5 码（大五码）等标准，不同内码标准的汉字系统其字符集往往不尽相同。98 王码为了适应多种中文系统平台，提供了多种字符集的处理功能。

（4）多种版本。98 王码系列软件包括 98 王码国标版、98 王码简繁版等。

（5）多种输入法。98 王码除了配备新老版本的五笔字型之外，还有王码智能拼音、简易五笔画

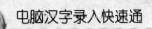

和拼音笔画等多种输入方法。

9.1.2 98 版五笔字型输入法与 86 版的区别

98 版五笔字型虽然继承了 86 版五笔字型的许多特点,但两者之间还存在着许多差异,主要体现在以下几方面。

(1) 构成汉字的基本单元的称谓不同:在 86 版五笔字型中,把构成汉字的基本单元称为字根,但在 98 版五笔字型中则称为码元。

(2) 选取基本单元的数量不同:在 86 版五笔字型中,一共选取了 130 个字根,但在 98 版五笔字型中一共选取了 245 个码元。

(3) 处理汉字的数量不同:86 版五笔字型只能处理国际简体标准汉字 6 763 个,但在 98 版五笔字型中,除了可以处理 6 763 个国际简体标准汉字外,还可以处理 BIGS 码中的 13 053 个繁体字及大字符集中的 21 003 个字符。

(4) 码元的选取更规范:在 86 版五笔字型中,不能对有些规范字根做到整字取码,如"甘""毛"等字根,但在 98 版五笔字型中,码元和笔画顺序完全符合规范。如在 98 版中,可将如"甘""毛""母"等作为一个码元,可整字取码,而在 86 版中它们并不是字根,需要再次进行拆分。

(5) 编码规则简单明了:86 版五笔字型在拆分编码上,常与汉字书写顺序产生矛盾,但在 98 版五笔字型中利用"无拆分编码法"将总体形似的笔画结构归为同一码元,一律采用码元来描述汉字笔画结构的特征,使编码规则更加简单明了,解决了 86 版在编码时与文字规范产生矛盾,使五笔字型输入法更趋合理易学。

9.2 98 版五笔字型输入法码元分布

在 98 版五笔字型输入法中,汉字的结构和汉字的字型等编码基础知识与 86 版五笔字型输入法完全相同。下面主要介绍 98 版五笔字型输入法中的新增概念。

9.2.1 98 版五笔字型中的码元

98 版五笔字型中的一个重大变化是引入了"码元"的概念,码元是汉字编码的基本单位。"码元"是指在对汉字进行编码时,笔画特征相似、笔画形态和笔画多少大致相同的笔画结构。

例如"斤""丘"和"手"的笔画在结构上虽然不同,但在视觉上有相同的特征,所以认为它们属于同一码元。将"斤"这种使用频率高,而且具有代表性的码元称为"主码元",简称"主元";将"丘""手"这些使用频率低的码元称为"次码元",简称"次元"。

9.2.2 码元的键盘分布

98 版五笔字型的码元在键盘上的分布与 86 版字根在键盘上的分布一样,它将除"Z"键外的 25 个英文字母分为横、竖、撇、捺、折 5 个区,每个区又分为 5 个位,其位号和区号分别都是从 1～5。再将这 245 个码元按笔画分布在各个键位上,在每个区的每个键位上都有一个代表码元,即键名码元,98 版五笔字型码元分布如图 9.2.1 所示。

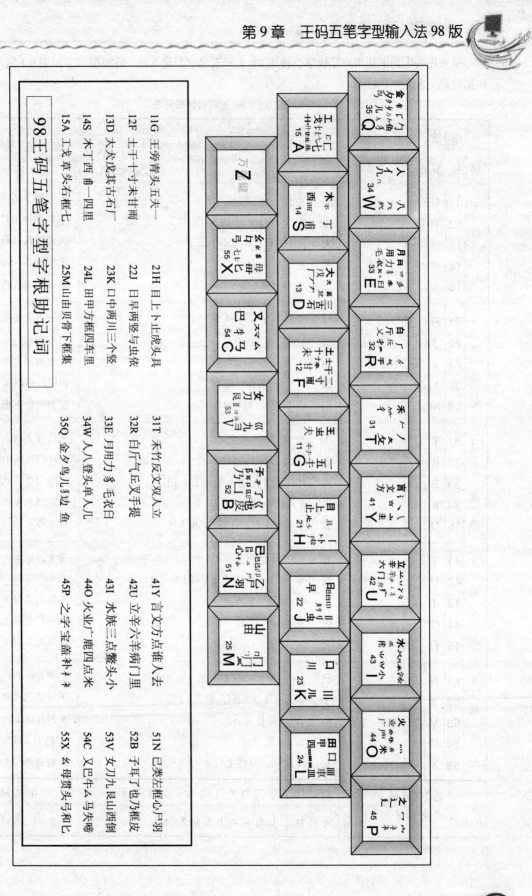

图9.2.1　98王码五笔字型键盘图及码元分区助记词

98王码五笔字型字根助记词

11G 王旁青头五五夫一
12F 土士干十寸末甘雨
13D 大犬戊其古石厂
14S 木丁西甫
15A 工弋草头右框七

21H 目上卜止虎头具
22J 日早两竖与虫依
23K 口中两川三个竖
24L 田甲方框四车里
25M 山由贝骨下框集

31T 禾竹反文双人立
32R 白斤气丘叉手提
33E 月用力多毛衣白
34W 人八登头单人几
35Q 金夕鸟儿3边鱼

41Y 言文方点谁人去
42U 立辛六羊病门里
43I 水族三点鳖头小
44O 火业广鹿四点米
45P 之字宝盖补礻衤

51N 已类左框心尸羽
52B 子耳了也乃框皮
53V 女刀九艮山西倒
54C 又巴牛厶马失幺
55X 幺母贯头弓和匕

　　王永民先生为了让用户尽快学会使用98王码五笔字型输入法，特地编写了如表9.1所示的98王码简体码元表。

表9.1　98王码简体码元表

分区	区位	键位	识别码	标识码元	键名	码　　　　元	助　记　词	高频字
1区横起	11	G	⊖	一 丶	王	丰五夫キ丰牛	王旁青头五夫一	一
	12	F	⊜	二	土	士干十十虫寸未甘雨	土干十寸未甘雨	地
	13	D	⊜	三	大	犬戊其县古石厂ナ	大犬戊其古石厂	在
	14	S			木	才丁西西甫	木丁西甫一四里	要
	15	A			工	戈廿甘廾卅廿厂匚七匕乚	工戈草头右框七	工
2区竖起	21	H	①	丨 丿	目	上卜卜止少虍且	目上卜止虎头具	上
	22	J	②	刂刂刂刂川	日	日曰日早虫	日早两竖与虫依	是
	23	K	③	川川川	口		口中两川三个竖	中
	24	L	川		田	甲口四皿皿皿皿车	田甲方框四车里	国
	25	M			山	由贝骨门冂刀	山由贝骨下框集	同
3区撇起	31	T	①	丿 ィ	禾	竹夂夂彳	禾竹反文双人立	和
	32	R	②	彡 厂	白	斤气丘乂手扌手	白斤气丘乂手提	的
	33	E	③	彡	月	月用用用力多豕毛农氏以臼	月用力豕毛衣白	有
	34	W			人	亻八癶几几	人八登头单人几	人
	35	Q			金	钅夕夕夂ㄣ刀勹匚鸟儿儿鱼 犭⊙	金夕鸟儿犭边鱼	我
4区点起	41	Y	⊙	丶	言	讠文方亠㐄主	言文方点谁人去	主
	42	U	⊜	冫冫冫	立	辛六羊䒑丷丬冫疒广门舟	立辛六羊病门里	产
	43	I	⊜	氵	水	氺氺永氺以以鬲小业	水族三点鳖头小	不
	44	O	灬		火	业灬小广声米	火业广鹿四点米	为
	45	P			之	辶廴宀冖 礻⊙ 衤⊜	之字宝盖补礻衤	这
5区折起	51	N	⊘	乙	已	已己巳乚㇆コㄱ尸尸心忄小羽	已类左框心尸羽	民
	52	B	⊗	《	子	孑阝耳了也乃口皮	子耳了也乃框皮	了
	53	V	《《		女	刀九艮艮ヨ彐ㅋ	女刀九艮山西倒	发
	54	C			又	スマ厶巴牛马	又巴牛厶马失啼	以
	55	X			幺	纟幺毌毌幺弓匕匕	幺母贯头弓和匕	经
"乙"代表的各类折笔		顺时针				丿𠃌𠃌乛乚了彡飞乄		补码码元
		逆时针				乚乚乚乚乛㇄乀乁乚		犭⊙ 礻⊙ 衤⊜

9.3　98 版王码编码的输入

98 王码五笔字型输入法是将汉字拆分成码元，由基本码元所在的键位来进行编码，最多只能取四码，根据码元表的有无将字分为码元字和非码元字两类进行编码。拆字及编码流程图基本上与 86 版五笔字型编码流程图相同，如图 9.3.1 所示为 98 王码编码流程图。

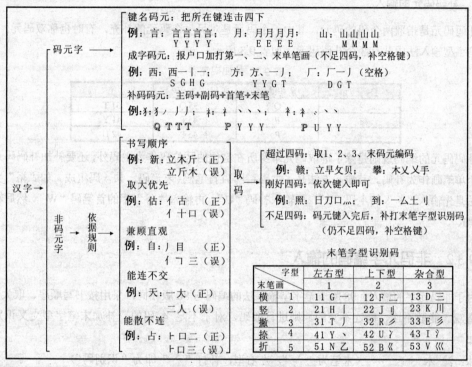

图 9.3.1　98 版王码编码流程图

9.3.1　码元字编码的输入

码元字编码输入与 86 版五笔字型输入法相似，包括键名汉字编码输入、成字码元输入和补码码元输入。

1. 键名汉字编码的输入

从每个字母键中的基本码元之中选出一个组字频率较高而形体上又有一定代表性的码元，作为键名汉字。共有 25 个键名汉字，如表 9.2 所示。

表 9.2　键名汉字编码

区　号	汉　字
1 区	王（G）、土（F）、大（D）、木（S）、工（A）
2 区	目（H）、日（J）、口（K）、田（L）、山（M）
3 区	禾（T）、白（R）、月（E）、人（W）、金（Q）
4 区	言（Y）、立（U）、水（I）、火（O）、之（P）
5 区	已（N）、子（B）、女（V）、又（C）、纟（X）

键名汉字的输入规则是连击 4 下键名汉字所在的键。如：

大（DDDD）　之（PPPP）　言（YYYY）　月（EEEE）　山（MMMM）

2．成字码元的输入

除了键名汉字以外，能够单独构成汉字的码元，称为成字码元。

成字码元的编码规则是：键名码+首笔画码+次笔画码+末笔画码。

当成字码元只有两笔时，其编码规则为：键名码+首笔画码+末笔画码。

如：文（YYGY），七（AGN），六（UYGY）。

3．补码码元的输入

补码码元是指取两个码的码元，其中一个码元是对另一个码元的补充，有时也称双码元。在 98 版五笔字型输入法中共有 3 个补码码元，如表 9.3 所示。

表 9.3　补码码元表

补码码元	所在键位	主码（第一码）	补码（第二码）
犭	Q	犭 35 Q	31 T
衤	P	衤 45 P	41 Y
礻	P	礻 45 P	42 U

补码码元的编码规则是除了选取码元本身所在键位的区位码作为主码外，还要补加补码码元中最后一个单笔画作为补码。其输入方法是：主码+补码+首笔码+末笔码，共 4 码组成。如"裕"字的输入方法是先输入"衤"的主码"P"，再输入补码"U"，再输入"谷"字的首笔码"W"，然后输入末笔码"K"。

9.3.2　非码元字编码的输入

对于非码元字的输入，98 版五笔字型输入法的编码与 86 版相同，采用按书写顺序、取大优先、兼顾直观、能散不连、能连不交的原则进行取码，对于不足 4 码的，补加末笔字型交叉识别码即可。如

沐：氵 木 丶　　　　（末笔为"丶"，左右型，补打"丶"即为"识别码"）

汀：氵 丁 丨　　　　（末笔为"丨"，左右型，补打"丨"即为"识别码"）

参：厶 大 彡 彡　　　（末笔为"丿"，上下型，补打"彡"即为"识别码"）

会：人 二 厶 氵　　　（末笔为"丶"，上下型，补打"氵"即为"识别码"）

同：冂 一 口 三　　　（末笔为"一"，杂合型，补打"三"即为"识别码"）

串：口 口 丨 川　　　（末笔为"丨"，杂合型，补打"川"即为"识别码"）

屉：尸 廿 乚 巛　　　（末笔为"乚"，杂合型，补打"巛"即为"识别码"）

98 版五笔字型输入法的末笔字型交叉识别码的使用方法与 86 版五笔字型相同。

9.4　98 版简码的输入

为了提高汉字的输入速度，98 版五笔字型输入法同样提供了简码输入方式，与 86 版相比，其简码编码基本相同，只是在二级简码的输入中有所不同。因此，用户在使用过程中应当注意区别记忆。

9.4.1　一级简码

98 版的一级简码字与 86 版一级简字完全相同，即"一、地、在、要、工、上、是、中、国、同、

和、的、有、人、我、主、产、不、为、这、民、了、发、以、经"，这25个字分布在键盘A～Y的25个英文字母中，一个字母键对应一个汉字。一级简码的输入方法是击一下简码字所在键和一次空格键。

9.4.2　二级简码

98版五笔字型的二级简码共有613个，与86版稍有不同，但其输入方法相同，即输入汉字的前两个码元所在键位的编码即可。如表9.4所示列出了所有二级简码，供读者查阅。

表9.4　98版二级简码表

简码字 / 键位与编码	键位与编码	GFDSA 11———15	HJKLM 21———25	TREWQ 31———35	YUIOP 41———45	NBVCX 51———55
G	11	五于天末开	下理事画现	麦珀表珍万	玉来求亚琛	与击妻到互
F	12	十寺城某域	直刊吉雷南	才垢协零无	坊增示赤过	志坡雪писа垭
D	13	三夯大厅左	还百右面而	故原历其克	太辜砂矿达	成破肆友龙
S	14	本票顶林模	相查可柬贾	枚析杉机构	术样档杰枕	札李根权楷
A	15	七革苦莆式	牙划或苗贡	攻区功共匹	芳蒋东蘑芝	艺节切芭药
H	21	睛睦非盯瞒	步旧占卤贞	睡睥肯具餐	虔瞳叔虚瞎	虑　眼眸此
J	22	量时晨果晓	早昌蝇曙遇	鉴蚯明蛤晚	影暗晃显蛇	电最归坚昆
K	23	号叶顺呆呀	足虽吕喂员	吃听另只兄	唁咬吵嘛喧	叫啊哨吧哟
L	24	车团因困轼	四辑回田轴	略斩男界罗	罚较　辘连	思团轨轻累
M	25	赋财央崾曲	由则迥崭册	败冈骨内见	丹赠峭赃迪	岂邮　峻幽
T	31	年等知条长	处得各备身	秩稀务答稳	入冬秒秋乏	乐秀委么每
R	32	后质拓打找	看提扣押抽	手折拥兵换	搞拉泉扩近	所报扫反指
E	33	且肚须采肛	毡胆加舆觅	用貌朋办胸	肪胶膛脏边	力服妥肥脂
W	34	全什估休代	个介保佣仙	八风佣从你	信们偿伙亿	亿他分公化
Q	35	钱针然钉氏	外旬名甸负	儿勿角欠多	久匀尔炙锭	包迎争色锴
Y	41	证计诚订试	让刘训亩市	放义衣认询	方详就亦亮	记享良充率
U	42	半斗头亲并	着间问闸端	道交前闪次	六立冰普	闷疗妆痛北
I	43	光汗尖浦江	小浊溃泗油	少汽肖没沟	济洋水渡党	沁波当汉涨
O	44	精庄类床席	业烛燎库灿	庭粕粗府底	广粒应炎迷	断籽数序鹿
P	45	家守害宁赛	寂审宫军宙	客宾农空宛	社实宵灾之	官字安　它
N	51	那导居懒异	收慢避惭届	改怕尾恰懈	心习尿屡忱	己敢恨怪尼
B	52	卫际承阿陈	耻阳职阵出	降孤阴队陶	及联孙耿辽	也子限取陛
V	53	建寻姑杂既	肃旭如姻妯	九婢姐妙婚	妨嫌录灵退	恳好妇妈姆
C	54	马对参牺戏	琪　台　观	矣　能难物	叉	予邓艰双牝
X	55	线结顷缚红	引旨强细贯	乡绵组给约	纺弱纱继综	纪级绍弘比

从实用的角度看，完全可以认为"二级简码字只有两个代码，没有三码或四码"。如能从一开始学习时就树立起这样的看法，就会集中注意力去记二级简码，在实际输入过程中自然而然地使用二级简码。

同时，98王码五笔也支持词组输入等高效输入法，由于其编码方式与86版王码五笔一致，不同之处在于98版输入词组时取码规则是针对码元，而86版则是针对字根，有关输入方式请参照86版词组输入的相关知识。86版五笔字型输入法用户要过渡到使用98版五笔字型输入法，必须掌握两者在用法上的区别，并加以练习。

9.4.3　三级简码

三级简码有4 400多个，其输入方法是先击前三个码元所在的键，再击一下空格键。如：

三级简码	拆分	编码
华	亻匕十	WXF
想	木目心	SHN
陈	阝七小	BAI
得	彳日一	TJG

9.5　98 版词组的输入

98 版五笔字型编码方案中，同样也提供了词组输入功能，并且词组的编码规则与 86 版相同，同样根据词组字的多少分为二字词的输入、三字词的输入、四字词的输入和多字词的输入。

1．二字词

二字词在输入过程中取每个字的前两码，共四码。

如"经济"取"纟""ス""氵""文"，其编码为"XCIY"。

2．三字词

三字词是前两个字各取第一码，最后一个字取前两码，共四码。

如"计算机"取"讠""竹""木""几"，其编码为"YTSM"。

3．四字词

四字词是每个字各取第一码，共四码。

如"科学技术"取"禾""⺌""扌""木"，其编码为"TIRS"。

4．多字词

多字词是取前三个字的第一码和最后一个字的第一码，共四码。

如"中华人民共和国"取"口""亻""人""囗"，其编码为"KWWL"。

9.6　86 版用户学习 98 版五笔字型输入法

由于 98 版五笔字型输入法的码元数量与键位的分布与 86 版有所不同，在学习过程中难免容易混淆。但是只要用户掌握一定的技巧与方法，相信在学习过程中也会感到非常轻松。

9.6.1　注意事项

对于一直使用 86 版五笔字型输入法的用户，在学习 98 版五笔字型输入法时应注意以下几点：

1．注意新增码元

使用 86 版五笔字型输入法的用户在使用 98 版的过程中，首先应当注意在键盘的各个键位上新增了哪些码元，可以简化哪些汉字的输入，如"夫""未""甘""气""丘""良"等。

2．删除的字根

98 版五笔字型输入法删除了 86 版中一些不规范的字根，表 9.5 列出了被删除的字根。

表 9.5　98 版五笔字型删除的字根

键　位	字　根	键　位	字　根
G	戈	Q	犭
D	手、疒	I	业、⺍
A	弋	O	业
H	广、疒	P	衤
R	匚、斤	C	马
E	豕、彡	X	口

3．与原码元相似的新码元

有些新码元与原码元非常相似，在使用过程中需要特别注意，如新增的"丘"与原来的"斤"非常相似。

4．原有码元（字根）的键位改动

注意原有码元的键位变动，必须熟记这些变动的码元。码元的键位变动如表 9.6 所示。

表 9.6　码元键位变动表

码　元	86 版键位	98 版键位	码　元	86 版键位	98 版键位
几	Q	K	乂	Q	R
力	L	E	白	V	E
几	M	W	舟	E	U
广	Y	O	乃	E	B

5．新老版本的取码顺序

虽然两个版本在取码规则上是一样的，但在取码顺序上有所不同，用户只须记住这些新版本的取码顺序即可。新老版本取码顺序如表 9.7 所示。

表 9.7　98 版五笔字型与 86 版五笔字型的取码顺序

汉　字	86 版取码顺序	86 版编码	98 版取码顺序	98 版编码
行	彳、二、丨	TFHH	彳、一、丁	TGSH
速	一、口、小、辶	GKIP	木、口、辶	SKPD
刺	一、冂、小、刂	GMIJ	木、冂、刂	SMJH
象	勹、田、豕、	QJEU	勹、口、豕	QKEU
像	亻、勹、田、豕	WQJE	亻、勹、口	WQK
面	丆、冂、刂	DMJD	丆、皿、刂	DLJ
来	一、业、木	GUSI	米、丶、丿、丶	OYTY
那	刀、二、阝	VFB	彐、一、阝	NGBH
凸	丨、一、冂	HGMG	丨、一、丨	HGH
凹	冂、冂、一	MMGD	丨、乙、丨	HNH

9.6.2　熟记易拆错的汉字

虽然学习了拆分规则，但在实际拆分汉字时，往往会将部分汉字拆错。为了帮助记忆，在练习过程中所遇到的难以拆分的字，用户只须将其记住。下面列出了一些 98 版五笔字型输入法中容易拆错的字，如表 9.8 所示。

表 9.8　易拆错的汉字

汉　字	拆分顺序	编码	汉　字	拆分顺序	编码
魂	二、厶、白、厶	FCRC	序	广、乛、丿、丨	OCNH
舞	一、一、灬	TGL	末	丶、一、木	GS
廉	广、丷、彐	OUV	饮	𠂉、𠃌、𠂇	QNQ
赛	宀、龶	PA	报	扌、卩、又	RBC
姬	女、匚、丨	VAH	身	丿、冂	TM
既	艮、匸、儿	VAQ	离	亠、乂、冂	YRB
函	了、ⴼ、凵	BIB	励	厂、一、力、力	DGQE
曲	冂、龶	MA	剩	禾、扌、匕、刂	TUXJ
行	彳、一、丁	TGS	曳	日、乚、丿	JNT
承	了、三	BD	派	氵、厂、民	IRE
练	纟、ⴼ、冂	XAN	彤	冂、亠、彡	MYE
片	丿、丨、一	THG	呀	口、匸、丿、丨	KAHT
鬼	白、儿、厶	RQC	拜	𡗗、三、十	RDFH

9.7　实例速成——98 版五笔输入练习

本例主要练习 98 版五笔字型汉字的拆分、成字码元汉字输入练习以及词组输入。通过练习，读者可以掌握 98 版五笔字型的使用方法。98 版五笔字型的拆分与 86 版相同，关键是掌握码元的分布，在练习过程中注意码元对字根的调整。

1．成字码元输入练习

输入以下成字字根，写出其编码，并在字处理软件中验证它们。

夫（GGGY）　戈（AGNY）　米（OYT）　上（HHGG）　甫（SGHY）　十（FGH）

石（DGTG）　卜（HHY）　丘（RTHG）　寸（FGHY）　辛（UYGH）　皿（LHNG）

母（XNNY）　雨（FGHY）　几（MNI）　厂（DGT）　虫（JHNY）　干（FGGH）

戊（DGTY）　三（DGGG）　七（AG）　乃（BNT）　九（VT）　皮（BNTY）

也（BN）　匕（XTN）　甲（LHNH）　六（UY）　门（UYH）　毛（ETGN）

弓（XNG）　川（KTHH）　甘（FGHG）　羽（NNY）　皮（BNTY）　贝（MHNY）

2．98 版五笔字型汉字拆分与输入练习

根据拆分原则，练习拆分下面的汉字，写出它们的拆分码元及编码。

拽（扌 日 乙 丿　RJNT）　诱（讠 禾 乃　YTBT）　赞（丿 土 儿 贝　TFQM）

晕（日 冖 车　JPL）　找（扌 戈　RA）　跨（口 止 大 乙　KHDN）

烛（火 虫　OJ）　坐（人 人 土　WWF）　自（丿 目　THD）

租（禾 月　TEG）　朱（丿 未　TFI）　姿（氵 勹 人 女　UQWV）

划（戈 刂　AJ）　娱（女 口 一 大　VKGD）　芝（艹 之　AP）

崭（山 车 斤　MLR）　最（日 耳 又　JBC）　涸（氵 口 古　ILD）

语（讠 五 口　YGK）　企（人 止　WH）　唱（口 日 日　KJJG）

3．词组输入练习

根据 98 版五笔字型词组输入方法，对下面的词组进行拆分，写出其编码。

谨防（YABY）　　广泛（YYIT）　　神情（PYNG）　　　朦胧（EAED）

记者站（YFUH）　科学家（TIPE）　工程师（ATJG）　　陕西省（BSIT）

一望无际（GYFB）　斩草除根（LABS）　从容不迫（WPGR）　爱莫能助（EACE）

毛泽东思想（TIAS）　　文艺工作者（YAAF）　　马克思主义（CDLY）

本 章 小 结

本章主要讲述了王码五笔字型输入法 98 版的使用，主要内容包括：98 版五笔字型输入法简介、98 版五笔字型输入法码元分布、98 王码编码的输入、98 版简码的输入、98 版词组的输入以及 86 版用户学习 98 版五笔字型输入法。通过本章的学习，用户可以快速掌握 98 版王码五笔的使用。

轻 松 过 关

一、填空题

1．主码元是指_____。

2．键名码元是指_____。

3．补码码元的编码规则是_____。

二、选择题

1．"身"字的正确编码为（　　）。

　　（A）TMDT　　　　　　　　　　（B）TNDT

　　（C）RMDT　　　　　　　　　　（D）TGNF

2．"巳"字的正确编码为（　　）。

　　（A）NNNN　　　　　　　　　　（B）NNGN

　　（C）NGNG　　　　　　　　　　（D）NGNI

三、简答题

1．简述 98 版五笔字型的特点。

2．98 版五笔字型与 86 版五笔字型有什么区别？

3．简述 98 版五笔字型中删除和新增的码元。

四、上机操作题

1．练习 98 版五笔字型输入法的一级简码和二级简码的输入。

2．练习使用 98 版五笔字型输入法输入以下词组：

科学	政治	扑克	年代	青春	延期	冬天	告示	爱情	亲属	压力
失败	生存	错误	外观	成长	悲观	生活	水平	总理	教师	市长
我们	自信	担心	忧愁	香港	香皂	段落	直线	功能	删除	化学

第 10 章　Word 排版知识

Word 2003 是 Office 2003 系列办公组件之一，它是一款功能强大的文字处理软件，用于文字的输入、编辑、修改等，其主要特点是使用方便，易学易懂。本章主要讲述在 Word 2003 中输入汉字以及修改文本等基本操作。

本章要点

- 初识 Word 2003
- 文档的基本操作
- 输入与编辑文本
- 格式化文本
- 使用表格
- 图文混排
- 文档的打印输出

10.1　初识 Word 2003

Word 2003 是 Office 2003 中使用最广泛的一个应用程序，也是目前很受欢迎的文字处理程序之一。它具有运行速度快、技术先进、功能齐全等特点，使用它可以方便地编辑和排版文档。

10.1.1　启动 Word 2003

当用户将 Word 2003 安装到计算机中以后，可以使用以下两种方法启动 Word 2003。

1．使用开始菜单

选择 <kbd>开始</kbd> → <kbd>所有程序(P)</kbd> → <kbd>Microsoft Office</kbd> → <kbd>Microsoft Office Word 2003</kbd> 命令，即可启动 Word 2003，这是最常用、最简单的方法。

2．使用桌面快捷方式

在 Windows XP 中，快捷方式使用户可以迅速地访问程序与文档。用户只须在桌面上双击该应用程序的快捷方式图标 ，也可启动 Word 2003。

10.1.2　Word 2003 的工作窗口

当用户启动 Word 2003 时，系统会自动创建一个空白文档，并在标题栏上显示"文档 1－Microsoft Word"，如图 10.1.1 所示。Word 2003 的工作窗口与其他 Windows 窗口基本相同，下面只介绍该窗口中新增内容的功能。

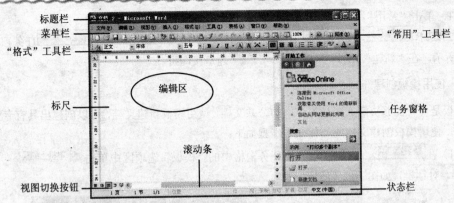

图 10.1.1　Word 2003 工作窗口

（1）"格式"工具栏。格式工具栏位于常用工具栏的下方。格式工具栏中包含常用的文字编辑及文档排版按钮。

（2）标尺。标尺由水平标尺和垂直标尺组成，通常位于编辑区的上边和左侧。使用标尺可以设置页边距以及段落缩进等内容。

（3）编辑区。编辑区就是工作窗口中间最大的空白区域，主要用于编辑和查看文档。

（4）视图切换按钮。视图切换按钮位于状态栏的上方。Word 2003 包括了 5 个视图切换按钮，单击不同的按钮，可在多种视图模式之间进行切换。

（5）任务窗格。任务窗格位于编辑区的右侧，它是 Word 2003 新增的选项面板。它将多种命令集成在一个统一的窗格中，可通过单击该窗格中左上角的按钮，在不同的任务窗格之间进行切换。

10.1.3　Word 2003 的退出

退出 Word 2003 可使用以下几种方法：

（1）单击标题栏最右端的"关闭"按钮 。

（2）选择 文件(F) → 退出(X) 命令。

（3）按"Alt+F4"组合键。

（4）双击标题栏左端的控制按钮 。

（5）在标题栏任意位置单击鼠标右键，从弹出的快捷菜单中选择 关闭(C)　　Alt+F4 命令。

10.2　文档的基本操作

要对 Word 文档进行编辑，首先要掌握它的基本操作，主要包括创建文档、保存文档、关闭文档、打开文档、保护文档等。

10.2.1　创建文档

创建文档有创建空白文档和使用模板创建两种方法。

1．创建空白文档

创建空白文档主要有以下两种方法。

（1）单击"常用"工具栏中的"新建空白文档"按钮 。

（2）选择 文件(F) → 新建(N)... 命令，打开 新建文档 ▼ 任务窗格，如图 10.2.1 所示，在"新建"选项区中单击 空白文档 超链接即可。

2．使用模板创建

模板是一种能够决定文档基本结构的公共文档，使用模板新建文档，可以创建出具有专业外观的新文档。使用模板创建文档的具体操作步骤如下：

（1）在 新建文档 ▼ 任务窗格中的"模板"选项区中单击 本机上的模板 超链接，弹出 模板 对话框，如图 10.2.2 所示。

图 10.2.1　"新建文档"任务窗格　　　　　图 10.2.2　"模板"对话框

（2）在该对话框中打开相应的选项卡，选择所需要的模板，单击 确定 按钮，即可创建基于该模板的文档。

10.2.2　保存文档

编辑完文档后需要进行保存。Word 2003 为用户提供了多种保存文档的方式，而且具有自动保存功能，可以最大限度地避免因意外而导致数据丢失的现象。

1．保存新建文档

保存新建文档的具体操作步骤如下：

（1）选择 文件(F) → 保存(S)　Ctrl+S 命令，弹出 另存为 对话框，如图 10.2.3 所示。

（2）在"保存位置"下拉列表框中选择保存文档的位置，在"文件名"下拉列表框中输入文档名。

（3）设置完成后，单击 保存(S) 按钮即可。

2．保存已有文档

对已有文档进行修改后，需要对该文档进行保存。其方法是选择 文件(F) → 保存(S)　Ctrl+S 命令，或单击"常用"工具栏中的"保存"按钮 即可。

3．自动保存文档

Word 2003 可以按照一定的时间间隔自动对文档进行保存。其具体操作步骤如下：

（1）选择 工具(T) → 选项(O)... 命令，弹出 选项 对话框，打开 保存 选项卡，如图 10.2.4 所示。

（2）在"保存选项"选区中选中 自动保存时间间隔(S)：复选框，并在其后的微调框中输入自动保存的时间间隔。

（3）设置完成后，单击 确定 按钮。

图 10.2.3 "另存为"对话框

图 10.2.4 "保存"选项卡

10.2.3 关闭文档

关闭文档主要有以下两种方法：

（1）选择 文件(F) → 关闭(C) 命令。

（2）单击窗口右上角的"关闭"按钮，如果文档编辑后没有保存，则在关闭时会弹出如图 10.2.5 所示的提示框。

单击 是(Y) 按钮，保存编辑后的文档并退出应用程序；单击 否(N) 按钮，将不保存编辑后的文档直接退出应用程序；单击 取消 按钮，将取消本次操作并返回到文档编辑窗口中。

图 10.2.5 提示框

10.2.4 打开文档

如果要对已保存的文档再次进行修改和编辑，首先要打开保存的文档。打开文档主要有以下两种方法：

1. 打开已有的文档

（1）选择 文件(F) → 打开(O)... Ctrl+O 命令，弹出如图 10.2.6 所示的 打开 对话框。

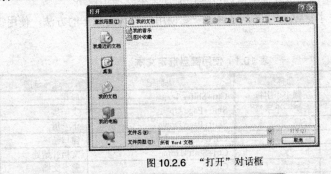

图 10.2.6 "打开"对话框

（2）在该对话框中选择需要打开的文档，单击 打开(O) 按钮即可。

2. 打开最近使用过的文档

Word 2003 具有自动记忆的功能，它可以记忆最近几次使用的文档。其具体操作步骤如下：

（1）单击"常用"工具栏中的"打开"按钮，弹出 打开 对话框。

（2）单击该对话框左侧的 图标，将在右侧列表中显示最近使用过的文档，在其列表中选择所要打开的文档，然后单击 打开(0) 按钮即可。

10.3 输入与编辑文本

当用户打开 Word 2003 后，系统会自动创建一个空白文档。此时，在编辑区的左上角出现一个闪烁的光标，该点称为"插入点"，它表明了文档的当前输入位置，用户可以由该点开始输入文本及其他符号。

10.3.1 输入文本

在 Word 中输入文本，就像在纸上写字一样。在输入的过程中，插入点从左向右移动，同时输入的内容被显示在屏幕上。当输入的文字到达右边界时，Word 会自动换行，插入点随之移到下一行的开头，当一页输入完后，插入点会自动跳转到下一页的开头。在输入文本的过程中，如果需要重新创建一个段落，在文本输入结束时按"Enter"键即可。

如果用户在输入文字的过程中，输错了字或字符，可以按"Back space"键或"Delete"键删除该字，如果要直接改写，可双击状态栏上的"改写"框或按键盘上的"Insert"键，进行"改写"和"插入"之间的切换。

10.3.2 文本的编辑

在文档的编辑过程中，经常需要对文档进行选中、复制、移动、查找、替换、重复、撤销和恢复等编辑操作，下面将分别对其进行介绍。

1. 选定文本

当对文档进行格式排版时，有时需要选定相应的文本。选定文本有鼠标和键盘两种方法。

（1）使用鼠标选定文本。将鼠标指针定位在文档窗口左边的空白区域，当鼠标变为 形状时，单击鼠标即可选择一行文本，单击并拖动鼠标可选择多行文本或多个段落。

（2）使用键盘选定文本。Word 2003 提供了一套使用键盘选定文本的方法，使用键盘选定文本的快捷键如表 10.1 所示。

表 10.1 使用键盘选定文本

快捷键	选择范围	快捷键	选择范围
Shift+←	左侧一个字符	Ctrl+Shift+↓	段尾
Shift+→	右侧一个字符	Shift+Page Up	上一屏
Shift+End	行尾	Shift+Page Down	下一屏
Shift+Home	行首	Ctrl+Alt+Page Down	窗口结尾
Shift+↓	下一行	Ctrl+Shift+Home	文档开始处
Shift+↑	上一行	Ctrl+A	整个文档
Ctrl+Shift+↑	段首	Ctrl+Shift+end	文档末尾处

2. 复制粘贴文本

输入文本时，经常要输入一些重复的文本，此时就可以将前面输入的文本复制粘贴到目标位置，既可以提高工作效率，又可以减少重复性工作。用户可使用以下 3 种方法进行文本的复制粘贴操作。

（1）选择 编辑(E) → 复制(C)　　Ctrl+C 命令，将文本复制到剪贴板中，将光标移至要粘贴文本的位置，选择 编辑(E) → 粘贴(P)　　Ctrl+V 命令即可。

（2）单击常用工具栏中的"复制"按钮 复制文本，单击常用工具栏中的"粘贴"按钮 粘贴复制的文本。

（3）按"Ctrl+C"键复制文本，按"Ctrl+V"键粘贴文本。

3．移动文本

在文本的编辑过程中，有时需要将文本从文档中的一个位置移至另一位置。用户可以使用以下 3 种方法移动文本的位置。

（1）选中要移动的文本，按住鼠标左键并拖动鼠标至目标位置后释放鼠标左键即可。

（2）选择 编辑(E) → 剪切(T)　　Ctrl+X 命令，将文本剪切至剪贴板中，将光标移至要放置文本的位置处，选择 编辑(E) → 粘贴(P)　　Ctrl+V 命令粘贴文本即可。

（3）按"Ctrl+X"键剪切文本，按"Ctrl+V"键粘贴文本即可。

4．查找和替换文本

查找命令可帮助用户在多页文档中查找需要的文本；替换命令可帮助用户方便地将某些文本"替换"成新的文本。查找文本的具体操作步骤如下：

（1）选择 编辑(E) → 查找(F)...　　Ctrl+F 命令，弹出 查找和替换 对话框，如图 10.3.1 所示。

（2）在"查找内容"下拉列表框中输入要查找的文本。

（3）单击 高级 ▼(M) 按钮，弹出如图 10.3.2 所示的高级查找对话框，在"搜索选项"选区中选中相应的复选框以设定查找条件，执行高级查找。

（4）单击 查找下一处(F) 按钮，查到后光标将移到该文本处。

（5）如果要继续查找，则单击 查找下一处(F) 按钮，系统将自动向下查找，找到后光标将显示在该文本处。

（6）查找完成后，单击 取消 按钮即可。

图 10.3.1　"查找和替换"对话框

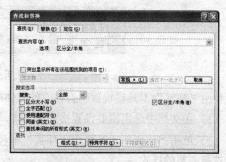

图 10.3.2　高级查找对话框

替换就是将查找到的文本用新的内容替换，其具体操作步骤如下：

（1）选择 编辑(E) → 查找(F)...　　Ctrl+F 命令，弹出 查找和替换 对话框，打开 替换(P) 选项卡，如图 10.3.3 所示。

（2）在"查找内容"下拉列表框中输入要查找的文字；在"替换为"下拉列表框中输入要替换为的文字，然后单击 替换(R) 按钮即可。

（3）如果要将查找到的文字全部替换，则单击 全部替换(A) 按钮即可。

（4）替换完成后，单击 关闭 按钮。

图 10.3.3 "替换"选项卡

10.4 格式化文本

为了增强文档的可读性和艺术性，使文档更加清晰、美观，文档的排版工作是必不可少的，用户可以通过字符、段落等格式的设置，对文档进行必要的修饰，使版面更加赏心悦目。

10.4.1 设置字符格式

字符格式包括字体、字号、颜色、字形等各种字符属性。通过设置字符格式，可以强化文字效果。Word 对字符格式的设置是"所见即所得"，即在屏幕上看到的字符显示效果就是实际打印时的效果。

在 Word 中，用户可以使用"格式"工具栏、"字体"对话框和"格式刷"按钮 3 种方法来设置字符格式。

1. 使用"格式"工具栏

选择 视图(V) → 工具栏(T) ▶ → 格式 命令，打开"格式"工具栏，如图 10.4.1 所示。用户使用"格式"工具栏可以对字符的样式、字体、字号、字体颜色等参数进行设置。

图 10.4.1 "格式"工具栏

使用"格式"工具栏设置字符格式的具体操作步骤如下：

（1）在文档中选定需要设置格式的文本。

（2）单击"格式"工具栏中"样式"下拉列表右侧的下三角按钮▼，在弹出的"样式"下拉列表中选择需要的样式。

（3）单击"格式"工具栏中"字体"下拉列表右侧的下三角按钮▼，在弹出的"字体"下拉列表中选择所需的字体。

（4）单击"格式"工具栏中"字号"下拉列表右侧的下三角按钮▼，在弹出的"字号"下拉列表中选择需要的字号。

（5）单击"格式"工具栏中"字体颜色"按钮▲·右侧的下三角按钮▼，在弹出的"字体颜色"下拉列表中选择需要的字体颜色。

（6）在"格式"工具栏中还可以设置字符的特殊效果、对齐方式、边框和底纹等。

2. 使用"字体"对话框

使用"字体"对话框设置字符格式的具体操作步骤如下：

（1）在文档中选定需要设置格式的文本。

（2）选择 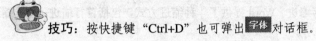 命令，弹出 **字体** 对话框，如图 10.4.2 所示。

（3）在该对话框中对文本的字体、字符间距、文字效果等参数进行设置。

（4）设置完成后，单击 **确定** 按钮即可。

技巧：按快捷键"Ctrl+D"也可弹出 **字体** 对话框。

图 10.4.2　"字体"对话框

3. 使用"格式刷"

使用"常用"工具栏中的"格式刷"按钮 可以将一个文本的格式复制到其他文本上，具体操作步骤如下：

（1）选定已经设置好格式的源文本。

（2）单击"格式刷"按钮 ，此时鼠标指针变成 形状，按住鼠标左键拖动鼠标扫过要应用选定文本格式的目标文本，然后释放鼠标左键，即可将选定文本的格式应用到该文本上。

要将源文本格式复制到多处文本上，可在"格式刷"按钮 上双击鼠标左键，然后逐个扫过要复制格式的各处文本，复制完成后，再次单击"格式刷"按钮 结束复制。

10.4.2　设置段落格式

段落是指两个段落标记之间的文本，回车符是段落的结束标记。段落格式包括段落的对齐方式、段落缩进、行距和段间距等。一般情况下，在输入时按回车键表示换行并开始一个新的段落，新段落的格式会自动设置为上一段中字符和段落的格式。设置一个段落的格式时，不必选定整个段落，只需将插入点置于该段落中即可。如果对多个段落进行设置，则需要选定这些段落。

1. 设置段落对齐方式

段落对齐方式是指段落在水平方向上的对齐方式，Word 2003 中提供了"左对齐"、"两端对齐"、"居中对齐"、"右对齐"、"分散对齐"5 种对齐方式，其中"两端对齐"是系统默认的对齐方式。

左对齐：段落中的文本、嵌入对象靠左对齐，不自动调整字符间距，右边文本参差不齐。在中文文档中与两端对齐没有太大的差别，但当输入的是英文文本，左对齐与两端对齐就有很大的差别。

两端对齐：通过调整文字的水平间距，使所选段落的左、右两边同时对齐，当段落最后一行未满时，保持左对齐。

居中对齐：段落中的文本、嵌入对象居中对齐。

右对齐：段落中的文本、嵌入对象靠右对齐，左边文本参差不齐。

分散对齐：通过调整文本的水平间距，使所选文本分布到整行。

选择 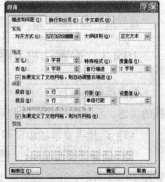 命令，弹出 **段落** 对话框，如图 10.4.3 所示。用户在该对话框中的"常规"选区中设置段落的

图 10.4.3　"段落"对话框

对齐方式。

技巧：用户也可以将插入点移到需要设置对齐方式的段落中，按快捷键"Ctrl+J"设置两端对齐；按快捷键"Ctrl+E"设置居中对齐；按快捷键"Ctrl+R"设置右对齐；按快捷键"Ctrl+Shift+J"设置分散对齐。

2．设置段落缩进

段落缩进是指在水平方向上的段落缩进。Word 提供了 4 种缩进方式，包括首行缩进、悬挂缩进、左缩进和右缩进。

首行缩进：是指将选中的段落的第 1 行从左向右缩出一定的距离，而首行以外的各行都保持不变。

悬挂缩进：与首行缩进方式相反，即首行文本不改变，而除首行以外的文本缩进一定的距离。

左缩进：是将段落的左端整体缩进一定的距离。

右缩进：是将段落的右端整体缩进一定的距离。

使用水平标尺是进行段落缩进最方便的方法。水平标尺上有首行缩进、悬挂缩进、左缩进和右缩进 4 个滑块，如图 10.4.4 所示。选定要缩进的一个或多个段落，用鼠标拖动这些滑块即可改变当前段落的缩进位置。

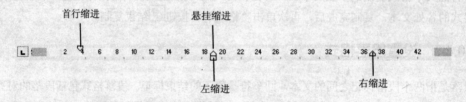

图 10.4.4　水平标尺

3．设置行距和段间距

行距是指从一行文字的底部到另一行文字顶部的间距。段间距是指段落前后空白距离的大小。行距和段间距都可在 段落 对话框中的"间距"选区中进行设置。

Word 2003 提供了"单倍行距"、"1.5 倍行距"、"2 倍行距"、"最小值"、"固定值"和"多倍行距" 6 种行距。用户可以在"行距"下拉列表中选择所需的行距，默认为"单倍行距"。如果选择了"最小值"或"固定值"，则需要在其后的"设置值"微调框中输入行距值；如果选择了"多倍行距"，则在"设置值"微调框中输入所需的倍数值。

10.4.3　设置边框和底纹

在文档编辑过程中，用户可以使用 Word 提供的边框和底纹变化，凸显重要的文字内容，增加文档的美感。设置边框和底纹的具体操作步骤如下：

（1）选择需要添加边框和底纹的文本或段落。

（2）选择 格式(O) → 边框和底纹(B)... 命令，弹出 边框和底纹 对话框，打开 边框(B) 选项卡，如图 10.4.5 所示。在该选项卡中可设置边框的类型、线型、颜色、宽度以及应用范围等参数。

（3）在 边框和底纹 对话框中打开 底纹(S) 选项卡，如图 10.4.6 所示。在该选项卡中可设置底纹颜色、样式比例等参数。

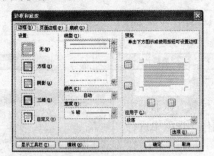

图 10.4.5 "边框"选项卡　　　　　图 10.4.6 "底纹"选项卡

（4）设置完成后，单击 ▭确定 按钮。

10.5　使　用　表　格

表格是由若干行和列组成的二维表格，表格的某一行和某一列相交的方框称为单元格，用户可以在其中输入文本、数字或者插入图形等。

10.5.1　创建表格

在 Word 2003 中，用户可以使用多种方法来创建表格，下面介绍两种常用的方法。

1．手动绘制表格

Word 2003 中有一个制表工具栏，可使表格的制作和格式化变得非常简单。单击"常用"工具栏中的"表格和边框"按钮 ▭，打开"表格和边框"工具栏，如图 10.5.1 所示。

图 10.5.1　"表格和边框"工具栏

该工具栏中各主要工具的功能如表 10.2 所示。用户在该工具栏中单击"绘制表格"按钮 ▭，当鼠标指针变为 ✎ 形状时，按住鼠标左键并拖动至适当位置后释放鼠标，即可绘制一个表格的边框，用户可根据需要绘制表格的行或列。

表 10.2　"表格和边框"工具栏中的按钮及其功能

按　钮	功　能	按　钮	功　能
	绘制表格		拆分单元格
	擦除表格线		靠上两端对齐
	线型选择		平均分布各行
½ 磅	线条粗细		平均分布各列
	边框颜色		表格自动套用格式样式
	外侧框线		显示虚框
	底纹颜色		升序排列选定的数据
	插入表格		降序排列选定的数据
	合并单元格	Σ	自动求和

2．使用菜单命令创建表格

使用菜单命令可以创建指定列宽的表格。其具体操作步骤如下：

（1）将光标定位在需要插入表格的位置。

（2）选择 表格(A) → 插入(I) ▶ ▦ 表格(T)... 命令，弹出 插入表格 对话框，如图 10.5.2 所示。

（3）在"表格尺寸"选区中的"列数"和"行数"微调框中分别输入表格的列数和行数；在"'自动调整'操作"选区中进行相应的设置。

（4）设置完成后，单击 确定 按钮，即可在文档中插入所需的表格。

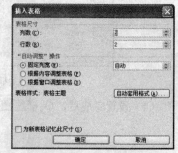

图 10.5.2 "插入表格"对话框

10.5.2 编辑表格

创建好表格后，即可向表格中填入所需的内容，还可以对表格进行插入或删除行或列、合并或拆分单元格、拆分表格、移动和调整表格大小等各种编辑操作，使其符合用户的需求。

1．在表格中定位插入点

在表格中输入和编辑文本时，首先要在表格中移动和定位插入点。用鼠标在某个单元格中单击，即可将插入点定位到该单元格中，也可以使用键盘上的方向键在单元格间移动和定位插入点。

2．输入文本

在表格中输入文本和在表格外的文档中输入文本一样，将插入点定位到需要输入文本的单元格中即可输入。当输入的文本超过了单元格的宽度时，会自动换行，并增大行高以容纳文本。按回车键在当前单元格中开始一个新的段落，按"Tab"键将插入点移动到下一个单元格中。

3．在表格中选定内容

表格的编辑操作也遵循"先选定，后操作"的原则，具体方法如下：

（1）选定单元格：选择 表格(A) → 选择(C) ▶ 单元格(E) 命令，或者将鼠标定位在要选定的单元格中，当鼠标变成 ◢ 形状时单击鼠标左键即可。

（2）选定行：选择 表格(A) → 选择(C) ▶ 行(R) 命令，或者将鼠标定位在要选定行的左侧，当鼠标变成 ◿ 形状时单击鼠标左键即可。

（3）选定列：选择 表格(A) → 选择(C) ▶ 列(C) 命令，或者将鼠标定位在要选定列的上方，当鼠标变成 ↓ 形状时单击鼠标左键即可。

（4）选定多个单元格、多行或多列：当鼠标指针变为 ◿ ， ↓ 或 ◢ 形状时，单击鼠标左键并拖动即可。

（5）选定整个表格：选择 表格(A) → 选择(C) ▶ 表格(T) 命令，或者单击表格左上角的"移动控制点"按钮 ✛ 即可。

提示：在选定行和列时，按住"Shift"键可以选定连续的行、列和单元格；按住"Ctrl"键可以选定不连续的行、列和单元格。

4．插入或删除行

在表格中插入或删除行的具体操作步骤如下：

（1）选中需要插入或删除的行。

（2）选择 表格(A) → 插入(I) ▶ → 行(在上方)(A) 或 行(在下方)(B) 命令，即可在表格中插入相应的行。

（3）选择 表格(A) → 删除(D) ▶ → 行(R) 命令，即可删除选中的行。

5．插入或删除列

在表格中插入或删除列的具体操作步骤如下：

（1）选中需要插入或删除的列。

（2）选择 表格(A) → 插入(I) ▶ → 列(在左侧)(L) 或 列(在右侧)(R) 命令，即可在表格中插入相应的列。

（3）选择 表格(A) → 删除(D) ▶ → 列(C) 命令，即可删除选中的列。

6．合并或拆分单元格

合并单元格可以将几个单元格合并为一个大单元格，而拆分单元格可以将一个单元格拆分为几个小单元格。

合并或拆分单元格的具体操作步骤如下：

（1）选定要合并或拆分的单元格。

（2）选择 表格(A) → 合并单元格(M) 命令，即可合并单元格。

（3）选择 表格(A) → 拆分单元格(P)... 命令，弹出 拆分单元格 对话框，如图 10.5.3 所示。

（4）在该对话框中的"列数"和"行数"微调框中输入拆分成小单元格的列数和行数。

（5）选中 ☑拆分前合并单元格(M) 复选框，可以重新设置表格；取消选中该复选框，可将所设置的列数和行数分别应用于所选的单元格。

（6）设置完成后，单击 确定 按钮，即可将选中的单元格拆分成等宽的小单元格。

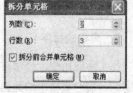

图 10.5.3　"拆分单元格"对话框

7．拆分表格

拆分表格就是将一个表格拆分成两个或多个表格，具体操作步骤如下：

（1）将光标定位在要拆分为两个表格中的下一个表格内的任意单元格中。

（2）选择 表格(A) → 拆分表格(T) 命令，插入点所在行以下的部分就从原表格中分离出来，成为一个独立的表格，用户还可以对两个表格的属性进行设置。

8．移动和调整表格大小

在 Word 2003 中，用户可以直接使用鼠标来移动和缩放表格，具体操作步骤如下：

（1）将插入点置于表格中的任意位置，表格的左上角将出现一个移动控制点，右下角出现一个调整控制点。

（2）将鼠标指针指向移动控制点，当鼠标指针变成"✛"时，按住鼠标左键拖动可以移动表格，如图 10.5.4 所示。

（3）将鼠标指针指向调整控制点，当鼠标指针变成"⬉"时，按住鼠标左键拖动可以缩放表格，这时，鼠标指针变成如图 10.5.5 所示的"十"。

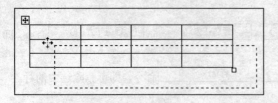

图 10.5.4 移动表格

图 10.5.5 缩放表格、

10.5.3 表格的计算和排序

表格的计算和排序在实际工作中经常遇到，Word 2003 提供的表格的计算和排序功能，使用户可以方便地对数据进行一些简单的处理。

1．表格的计算

当表格中有数字时，可以对表格中的数字进行四则运算、求平均值、计数、求最大值等运算。Word 2003 提供了对表格中的数据自动求和功能和使用公式计算功能。

表格计算的具体操作步骤如下：

（1）将光标定位在需要进行计算的单元格中。

（2）选择 表格(A) → 公式(O)... 命令，弹出 公式 对话框，如图 10.5.6 所示。

（3）在该对话框中的"公式"文本框中输入具体的公式；在"数字格式"下拉列表中选择一种合适的计算结果格式。

（4）单击 确定 按钮，即可计算表格中的数值。

2．表格的排序

在实际应用中，经常需要将表格中的内容按一定的规则排列，用户可以按照字母、拼音、笔画、数字或日期对表格中的数据进行升序或降序排列。

表格排序的具体操作步骤如下：

（1）将插入点定位在需要排序的表格中。

（2）选择 表格(A) → 排序(S)... 命令，弹出 排序 对话框，如图 10.5.7 所示。

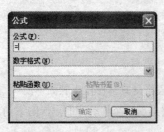

图 10.5.6 "公式"对话框

图 10.5.7 "排序"对话框

（3）在"主要关键字"和"次要关键字"选区中进行相应的设置，并在其后选中 ⊙升序(A) 或

⊙**降序 (N)** 单选按钮。

（4）设置完成后，单击 **确定** 按钮，即可对表格进行排序。

10.5.4 修饰表格

在文档中创建好表格后，还可以对表格进行修饰，使其更加美观。例如，设置表格的对齐方式、边框和底纹等。

1．设置对齐方式

设置表格对齐方式的具体操作步骤如下：

（1）将光标定位在表格中的任意单元格中。

（2）单击鼠标右键，从弹出的快捷菜单中选择 **表格属性 (R)...** 命令，或者选择 **表格 (A)** → **表格属性 (R)...** 命令，弹出 **表格属性** 对话框，如图 10.5.8 所示。

（3）在该对话框中的"对齐方式"选区中根据需要设置相应的选项。

（4）设置完成后，单击 **确定** 按钮，即可设置表格的对齐方式。

2．设置边框和底纹

在表格中添加边框和底纹，可使表格中的内容更加突出和醒目，文档更加美观。

设置表格边框和底纹的具体操作步骤如下：

（1）将光标定位在要添加边框和底纹的表格中。

（2）单击鼠标右键，从弹出的快捷菜单中选择 **边框和底纹 (B)...** 命令，或者选择 **格式 (O)** → **边框和底纹 (B)...** 命令，弹出 **边框和底纹** 对话框，如图 10.5.9 所示。

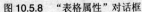

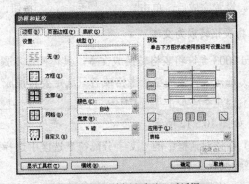

图 10.5.8 "表格属性"对话框　　　　图 10.5.9 "边框和底纹"对话框

（3）在该对话框中设置表格的边框和底纹，单击 **确定** 按钮完成设置。

3．绘制斜线表头

绘制斜线表头的具体操作步骤如下：

（1）将光标定位在需要绘制斜线表头的单元格中。

（2）选择 **表格 (A)** → **绘制斜线表头 (U)...** 命令，弹出 **插入斜线表头** 对话框，如图 10.5.10 所示。

（3）在"表头样式"下拉列表中选择一种样式；在"字体大小"下拉列表中选择一种字号。

（4）设置表头的"行标题"和"列标题"，单击 **确定** 按钮完成设置。

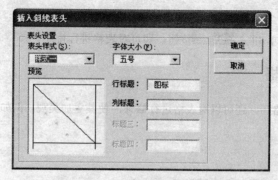

图 10.5.10 "插入斜线表头"对话框

10.5.5 文本与表格的转换

在 Word 2003 中，用户还可以将某些类型的文本转换成表格，或者将表格转换成文本。

1. 将文本转换为表格

在 Word 2003 中，可以将用段落标记、逗号、制表符、空格或者其他特定字符隔开的文本转换成表格，具体操作步骤如下：

（1）选定要转换成表格的文本。

（2）选择 表格(A) → 转换(V) ▶ → 文本转换成表格(X)... 命令，弹出 将文字转换成表格 对话框，如图 10.5.11 所示。

（3）在该对话框中的"表格尺寸"选区中"列数"微调框中的数值为 Word 自动检测出的列数；在"'自动调整'操作"选区中根据情况选择所需的选项；在"文字分隔位置"选区中选择分隔符。

（4）设置完成后，单击 确定 按钮，即可将文本转换成表格。

2. 将表格转换为文本

Word 2003 允许将表格转换成文本，具体操作步骤如下：

（1）选定要转换的整个表格或者只选定要转换成文本段落的部分单元格。

（2）选择 表格(A) → 转换(V) ▶ → 表格转换成文本(B)... 命令，弹出 表格转换成文本 对话框，如图 10.5.12 所示。

（3）在该对话框中的"文字分隔符"选区中选择适当的文字分隔符，单击 确定 按钮，即可将表格转换成文本。

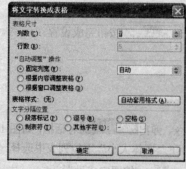

图 10.5.11 "将文字转换成表格"对话框

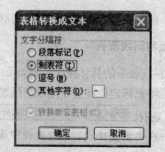

图 10.5.12 "表格转换成文本"对话框

10.6　图 文 混 排

图片是由其他文件和工具创建的图形，如 Photoshop 中创建的图像或扫描到计算机中的照片等。图片包括扫描的图片和照片、位图以及剪贴画。在 Word 文档中插入图片，并对其进行编辑，可使文档更加形象和生动。

10.6.1　插入图片

用户可以方便地在 Word 2003 文档中插入各种图片，例如 Word 2003 提供的剪贴画和图形文件（如 BMP，GIF，JPEG 等格式）。

1．插入剪贴画

剪贴画是一种表现力很强的图片，使用它可以在文档中插入各种具有特色的图片，例如人物图片、动物图片、建筑类图片等。

在文档中插入剪贴画的具体操作步骤如下：

（1）将光标定位在需要插入剪贴画的位置。

（2）选择 `插入(I)` → `图片(P)` ▶ → `剪贴画(C)…` 命令，或者直接单击"绘图"工具栏中的"插入剪贴画"按钮，打开 `剪贴画` ▼ 任务窗格，如图 10.6.1 所示。

（3）在"搜索文字"文本框中输入剪贴画的相关主题或类别；在"搜索范围"下拉列表框中选择要搜索的范围；在"结果类型"下拉列表框中选择文件类型。

（4）单击 `搜索` 按钮，即可在 `剪贴画` ▼ 任务窗格中显示查找到的剪贴画，如图 10.6.2 所示。

图 10.6.1　"剪贴画"任务窗格

图 10.6.2　搜索剪贴画图片

（5）单击要插入到文件的剪贴画，该剪贴画即可插入到文件中。

提示： 用户还可以在 `剪贴画` ▼ 任务窗格中单击 `管理剪辑` 超链接，在打开的如图 10.6.3 所示的"剪辑管理器"窗口中选择需要插入的剪贴画图片，然后单击该图片右侧的下三角按钮，在弹出的菜单中选择 `复制(C)` 命令，返回到文档编辑窗口中，最后单击鼠标右键，在弹出的快捷菜单中选择 `粘贴(P)` 命令即可。

2．插入文件图片

在 Word 文档中还可以插入由其他程序创建的图片，具体操作步骤如下：

（1）将光标定位在需要插入图片的位置。

（2）选择 插入(I) → 图片(P) ▶ 来自文件(F)... 命令，弹出 插入图片 对话框，如图 10.6.4 所示。

图 10.6.3 "剪辑管理器"窗口

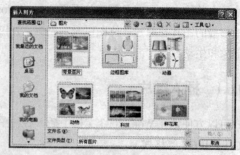

图 10.6.4 "插入图片"对话框

（3）在"查找范围"下拉列表框中选择合适的文件夹，在其列表框中选中所需的图片文件。

（4）单击 插入(S) 按钮，即可在文档中插入图片。

3．设置图片格式

将图片插入到文本以后，可以改变图片所在的位置，组成一篇完美的文档，其具体操作步骤如下：

（1）在文档中输入文本并插入图片。

（2）选中所插入的图片，选择 格式(O) → 图片(I)... 命令，在弹出的 设置图片格式 对话框中打开 版式 选项卡，如图 10.6.5 所示。

（3）在"环绕方式"选区中选择"衬于文字下方"选项，在"水平对齐方式"选区中选择一种对齐方式，单击 确定 按钮，效果如图 10.6.6 所示。

图 10.6.5 "版式"选项卡

图 10.6.6 设置图片格式后的效果

10.6.2 插入艺术字

Word 2003 提供了丰富的艺术字库，利用它可以在文档中插入艺术字，美化文本，增强文本的吸引力。

1．插入艺术字的方法

在文档中插入艺术字的具体操作步骤如下：

（1）将光标置于文档中要插入艺术字的位置。

（2）选择 插入(I) → 图片(P) ▶ 艺术字(W)... 命令，弹出如图 10.6.7 所示的

艺术字库 对话框。

（3）在"请选择一种'艺术字'样式"列表中选择一种所需的艺术字样式，如选择默认样式。

（4）单击 确定 按钮，弹出如图 10.6.8 所示的 编辑"艺术字"文字 对话框。

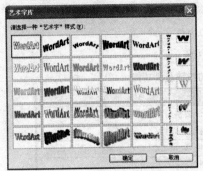
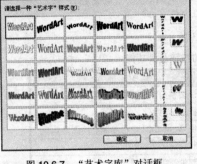

| 图 10.6.7　"艺术字库"对话框 | 图 10.6.8　"编辑'艺术字'文字"对话框 |

（5）在该对话框的"文字"文本框中输入艺术字内容；在"字体"下拉列表框中选择一种字体；在"字号"下拉列表框中选择字号大小；根据需要单击"加粗"按钮 **B** 或"倾斜"按钮 **I**。

（6）设置完成后，单击 确定 按钮，即可在文档中插入艺术字。

2．编辑艺术字

在文档中插入艺术字后，就可以对其进行各种编辑操作。单击插入到文档中的艺术字，其周围出现 8 个控制点，此时即可选定艺术字，同时打开"艺术字"工具栏，如图 10.6.9 所示。

如果要设置艺术字格式，只要单击"艺术字"工具栏中的"设置艺术字格式"按钮，弹出 设置艺术字格式 对话框，如图 10.6.10 所示。在该对话框中打开相应的选项卡，即可对艺术字进行各种格式的编辑操作。

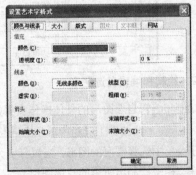

| 图 10.6.9　选定艺术字 | 图 10.6.10　"设置艺术字格式"对话框 |

10.6.3　绘制和编辑自选图形

Word 提供了强大的绘图功能，用户可以利用"绘图"工具栏在文档中绘制出各种各样的图形，主要包括各种线条、连接符、基本形状、箭头总汇、流程图符号、星与旗帜、标注等，并可以为绘制的图形设置所需的图形格式，使文档更加生动有趣。

1．"绘图"工具栏

"绘图"工具栏提供了常用的绘图按钮，若 Word 2003 窗口中没有显示"绘图"工具栏，可选择视图(V) → 工具栏(T) ▶ 绘图 命令，打开"绘图"工具栏，如图 10.6.11 所示。

图 10.6.11 "绘图"工具栏

"绘图"工具栏中的各个按钮及其功能说明如表 10.3 所示。

表 10.3 "绘图"工具栏中的按钮及其功能

按 钮	名 称	功 能
绘图(D)▾	绘图	提供调整绘制后的图形菜单
	选择对象	选择图形对象
自选图形(U)▾	自选图形	提供 Word 2003 中已绘制好的图形
	直线	绘制直线
	箭头	绘制带箭头的直线
	矩形	绘制矩形
	椭圆	绘制椭圆
	文本框	插入横排文本框
	竖排文本框	插入竖排文本框
	插入艺术字	插入艺术字
	插入组织结构图或其他图示	插入组织结构图或其他图示
	插入剪贴画	插入 Word 2003 自带的剪贴画
	插入图片	插入来自文件的图片
	填充颜色	选择填充颜色
	线条颜色	选择线条颜色
	字体颜色	选择字体颜色
	线型	选择线型
	虚线线型	选择虚线的线型
	箭头样式	选择箭头的类型
	阴影样式	选择图形的阴影类型
	三维效果样式	选择图形的三维效果

2．绘制和编辑自选图形

绘制和编辑自选图形的具体操作步骤如下：

（1）在"绘图"工具栏中单击 自选图形(U)▾ 按钮，在弹出的下拉菜单中选择相应的命令，在弹出的子菜单中选择需要的图形，当鼠标变为 十 形状时，按住鼠标左键并拖动至适当的位置释放鼠标，即可在文档中绘制出所需的自选图形。

（2）选中绘制的自选图形，单击鼠标右键，从弹出的快捷菜单中选择 设置自选图形格式(O)... 命令，或者直接在自选图形上双击，弹出 设置自选图形格式 对话框，如图 10.6.12 所示。在该对话框中可对绘制的自选图形的格式进行设置。

（3）选中需要改变叠放次序的自选图形，单击鼠标右键，从弹出的快捷菜单中选择 叠放次序(R) ▶ 命令，弹出其子菜单，如图 10.6.13 所示。在该子菜单中选择相应的命令，调整自选图形的叠放次序。

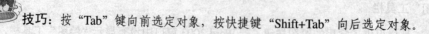 技巧：按"Tab"键向前选定对象，按快捷键"Shift+Tab"向后选定对象。

图 10.6.12　"设置自选图形格式"对话框　　　　图 10.6.13　"叠放次序"子菜单

10.7　文档的打印输出

当文档的编辑工作完成后，就可以为文档插入页眉、页脚及页码，并设置合适的纸张大小，在对文档进行预览之后，就可以将文档打印输出。

10.7.1　插入页眉和页脚

页眉和页脚是指在页面顶部和底部重复出现的信息。这些信息通常包括文字、日期、页码和图标等。在文档中插入页眉和页脚的具体操作步骤如下：

（1）选择 视图(V) → 页眉和页脚(H) 命令，即可弹出"页眉和页脚"工具栏，且页眉和页脚区处于可编辑状态，如图 10.7.1 所示。

（2）在"页眉和页脚"工具栏中单击 插入"自动图文集"(S) 按钮，弹出其下拉列表，如图 10.7.2所示。

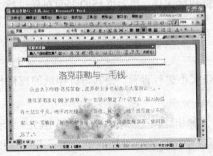

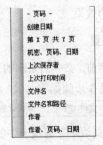

图 10.7.1　页眉和页脚编辑状态　　　　图 10.7.2　插入"自动图文集"下拉列表

（3）在该列表中选择要插入的内容，单击即可将其插入到页眉中。用户还可以单击"页眉和页脚"工具栏中的"插入页码"按钮、"插入页数"按钮、"插入日期"按钮、"插入时间"按钮，在页眉中插入页码、页数、日期和时间。

（4）在"页眉和页脚"工具栏中单击"在页眉和页脚间切换"按钮，可切换到页脚中，用户可按照设置页眉的方法，为文档添加页脚。

（5）设置完成后，单击 关闭(C) 按钮，可返回文档的正常编辑状态。

10.7.2　插入页码

页码可以用来标明页面在文档中的相对位置，可以方便用户对文档内容进行查询或统计。在文档中插入页码的具体操作步骤如下：

（1）选择 插入(I) → 页码(U)... 命令，弹出 页码 对话框，如图 10.7.3 所示。

（2）在 位置(P)： 下拉列表框中选择页码的位置；在 对齐方式(A)： 下拉列表框中选择页码的对齐方式。

（3）设置完成后，单击 确定 按钮，即可为文档添加页码。

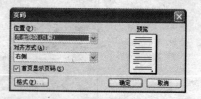

图 10.7.3　"页码"对话框

10.7.3　分栏排版

分栏排版就是将一段文本分成并排的几栏在一页中显示，更加便于阅读，版式也比较美观，常用于编排报纸和杂志的文档中。设置分栏的具体操作步骤如下：

（1）选中整个文档。

（2）选择 格式(O) → 分栏(C)... 命令，弹出 分栏 对话框，如图 10.7.4 所示。

（3）在该对话框的"预设"选区中选择一种预设样式；或者在"栏数"微调框中输入需要分隔的栏数；在"应用于"下拉列表中选择"整篇文档"选项。

（4）设置完成后，单击 确定 按钮即可。

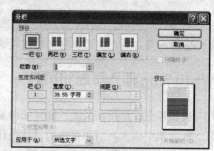

图 10.7.4　"分栏"对话框

10.7.4　页面设置与打印输出

在文档编辑完成后，就需要将其进行输出，例如在网络上进行传输、通过打印机进行输出等。但在输出之前，必须对编辑好的文档页面进行编辑和格式化，再对文档的页面布局进行合理的设置，才能不影响输出的效果。

1．页面设置

在打印文档前，必须对页面的页边距及纸张大小进行设置，使其与打印纸的规格相符。对页面进行设置的具体操作步骤如下：

（1）选择 文件(F) → 页面设置(U)... 命令，弹出 页面设置 对话框，如图 10.7.5 所示。

（2）在"页边距"选项卡中的 页边距 选项区中可以设置文档的上、下、左、右和装订线与页面边框的距离，在 装订线位置(U)： 下拉列表框中可以设置装订线的位置；在 方向 选项区中可以设置页面的方向是纵向还是横向。

（3）单击 纸张 标签，打开"纸张"选项卡，用户可在 纸张大小(R)： 下拉列表框中设置纸张的大小，系统默认的大小为"A4"。

（4）设置完成后，单击 确定 按钮即可完成设置。

2．打印预览

使用 Word 2003 的打印预览功能，可以预览文档的打印效果。通过预览，可以在打印前看到模拟的打印效果，以便于用户对文档再进行调整。

用户可以使用以下两种方法进行打印预览。

（1）单击"常用"工具栏中的"打印预览"按钮 📄，即可预览文档。

（2）选择 文件(F) → 📄 打印预览(V) 命令进行预览。

当用户开始预览文档时，在预览窗口中会显示"打印预览"工具栏。如果用户想一次预览多页，可单击"多页"按钮 ▦，在弹出的网格中拖动鼠标选择预览的页数。预览完成后，单击 关闭(C) 按钮，即可关闭预览窗口，返回到文档编辑窗口中。

3．打印输出

经过打印预览确认文档的版式及格式正确无误后，即可进行打印输出，用户可以使用以下两种方法进行文档的打印输出。

（1）单击"常用"工具栏中的"打印"按钮 🖨，可将文档包含的页面全部打印出来。

（2）选择 文件(F) → 🖨 打印(P)... 命令，弹出 打印 对话框，如图 10.7.6 所示。

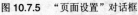

图 10.7.5　"页面设置"对话框

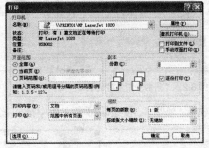

图 10.7.6　"打印"对话框

（3）用户可以在 页面范围 选区中选择要打印的页码范围；在 副本 选区中设置文档需要打印的份数；在 缩放 选区中设置文档的缩放打印。设置完成后，单击 确定 按钮即可开始打印。

10.8　实例速成——编排文档

本例编排一篇文档，使用户熟练掌握五笔字型输入法以及 Word 的编辑排版功能，最终效果如图 10.8.1 所示。

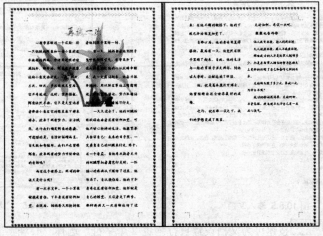

图 10.8.1　效果图

操作步骤

（1）启动 Word 2003 应用程序，单击"常用"工具栏中的"新建空白文档"按钮，新建一个空白文档。

（2）将输入法切换到五笔输入法。选择 插入(I) → 图片(P) ▶ 艺术字(W)... 命令，弹出 艺术字库 对话框，在此选择第 3 行第 4 列的艺术字样式，如图 10.8.2 所示。

（3）单击 确定 按钮，在弹出的 编辑"艺术字"文字 对话框的"文字"文本框中输入文档标题 再试一次，字体为"华文行楷"，字号为"32 磅"，如图 10.8.3 所示。

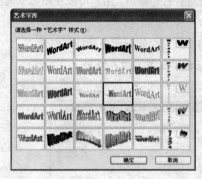

图 10.8.2 "艺术字库"对话框　　　　　图 10.8.3 "编辑'艺术字'文字"对话框

（4）单击 确定 按钮即可在文档中插入艺术字，如图 10.8.4 所示。

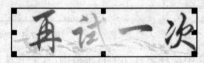

图 10.8.4 插入的艺术字

（5）单击"格式"工具栏上的"居中"按钮，使标题居中显示。

（6）按回车键，继续输入文档的其他内容，如图 10.8.5 所示。

（7）选中除标题外的所有文档，再选择 格式(O) → 段落(P)... 命令，弹出 段落 对话框，在"对齐方式"下拉列表中选择"两端对齐"，在"特殊格式"下拉列表中选择"首行缩进"，如图 10.8.6 所示。

图 10.8.5 输入文档　　　　　　　　　图 10.8.6 "段落"对话框

（8）单击 确定 按钮可为文档设置首行缩进 2 个字符。选择"心理学家做过一个试验……

无论如何，再试一次吧。"之间的文字，在"格式"工具栏的"字体"下拉列表中选择"楷体"，在"字号"下拉列表中选择"四号"，如图 10.8.7 所示。

（9）重复步骤（8），将"轻轻地告诉你"字体设置为"华文新魏"，字号为"小三"。

（10）选中剩余的文字并单击鼠标右键，在弹出的快捷菜单中选择 段落(P)... 命令，如图 10.8.8 所示。

图 10.8.7　设置字体格式

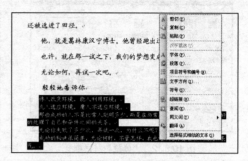

图 10.8.8　快捷菜单命令

（11）这时弹出 段落 对话框，在"行距"下拉列表中选择"固定值"，在"设置值"下拉列表中选择"25 磅"，单击 确定 按钮，效果如图 10.8.9 所示。

（12）选择 格式(O) → 边框和底纹(B)... 命令，弹出 边框和底纹 对话框。单击"页面边框"选项卡，在"线型"下拉列表中选择一种线型，在"宽度"下拉列表中选择"12 磅"，在"艺术型"下拉列表中选择一种艺术样式，如图 10.8.10 所示。

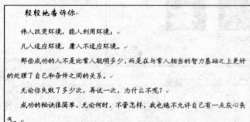

图 10.8.9　设置的段落格式

图 10.8.10　"边框和底纹"对话框

（13）单击 确定 按钮，即可为整篇文档添加页面边框效果，如图 10.8.11 所示。

图 10.8.11　添加页面边框效果

（14）将光标置于第一段，按下"Ctrl+Shift+End"组合键，选中除标题外的所有文字。

（15）选择 格式(O) → 分栏(C)... 命令，弹出 分栏 对话框。在"预设"栏中单击"两栏"按钮，如图 10.8.12 所示。

（16）单击 确定 按钮即可为文档设置分栏，效果如图 10.8.13 所示。

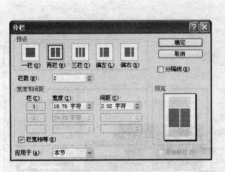

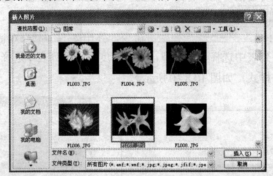

图 10.8.12 "分栏"对话框　　　　　　图 10.8.13 设置的分栏效果

（17）选择 插入(I) → 图片(P) ▶ → 来自文件(F)... 命令，弹出 插入图片 对话框。在"查找范围"下拉列表中选择要插入的图片，如图 10.8.14 所示。

图 10.8.14 "插入图片"对话框

（18）单击 插入(S) 按钮即可将图片插入到文档中。单击该图片，弹出"图片"工具栏，如图 10.8.15 所示。

（19）单击"图片"工具栏上的"设置透明色"按钮，当鼠标指针变成形状时，在图片上单击，效果如图 10.8.16 所示。

图 10.8.15 "图片"工具栏　　　　　　图 10.8.16 设置图片透明色

（20）单击"图片"工具栏中的"文字环绕"按钮，在弹出的下拉列表中选择![衬于文字下方(D)]命令，即可将图片置于文字的下方，如图 10.8.17 所示。

图 10.8.17　设置图片的环绕方式

（21）选择![视图(V)]→![页眉和页脚(H)]命令，即可弹出"页眉和页脚"工具栏，且页眉和页脚区处于可编辑状态，如图 10.8.18 所示。

图 10.8.18　"页眉和页脚"工具栏

（22）选中页眉上的回车符，选择![格式(O)]→![边框和底纹(B)...]命令，弹出![边框和底纹]对话框，选择![边框(B)]选项卡，如图 10.8.19 所示。

（23）单击![横线(H)...]按钮，弹出![横线]对话框，如图 10.8.20 所示。

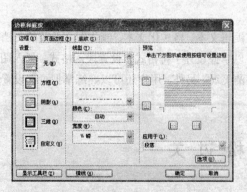

图 10.8.19　"边框"选项卡

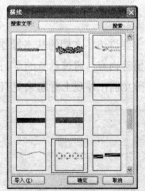

图 10.8.20　"横线"对话框

（24）拖动向下滑块，在横线下拉列表中选择一种线型，单击![确定]按钮即可将此线插入到页眉中，如图 10.8.21 所示。

（25）双击除页眉外的文档任意处，退出页眉编辑状态。

图 10.8.21　插入的页眉线

（26）文档编辑完成后，单击"常用"工具栏上的"保存"按钮，弹出**另存为**对话框，将文档命名为"智慧背囊"。

（27）单击"常用"工具栏中的"打印预览"按钮，可看到编辑文档的效果，如图 10.8.22 所示。

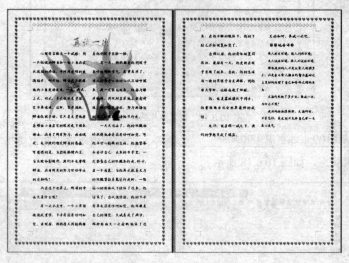

图 10.8.22　打印预览效果

（28）若是对编辑的文档感到满意，可打印输出此文档。单击"常用"工具栏中的"打印"按钮，即可打印出该文档，最终效果如图 10.8.1 所示。

本 章 小 结

本章主要讲述了文档的基本操作、输入与编辑文本、格式化文本、制作图文并茂的文档以及文档的打印输出等内容。通过本章的学习，用户可以掌握设置字符格式、设置段落格式、插入图片、艺术字等，使得文档在外观上看起来更有序、更整洁美观。另外，用户还可以熟练掌握页面设置和打印文档的方法。

轻 松 过 关

一、填空题

1. Word 2003 的工作界面由_____、_____、工具栏、_____、_____、滚动条、_____和_____组成。

2. 启动 Word 2003 时，系统将自动创建一个名为_____的空白文档，用户可在其中直接进行文字的输入和编辑操作。

3. Word 2003 中默认的字体为_____。

4. 选择_____菜单命令，可以通过"替换"功能将文档中的某些文本自动替换成另一文本。

5. 段落的缩进是指文本中的_____与_____之间的距离。段落的缩进一般包括_____、右缩进、_____和悬挂缩进。

6. Word 中的表格是由若干行和列组成的_____表格，表格的某一行和某一列相交的格称为_____，用户可以在其中输入文本、数字或者插入图形等。

二、选择题

1. 如果要快速新建一个空白文档，可以使用（ ）方法。

　（A）单击"常用"工具栏中的"新建空白文档"按钮

　（B）使用模板新建

　（C）根据现有文档新建

　（D）使用快捷键"Ctrl+N"

2. （ ）主要用于显示与当前工作有关的信息。

　（A）任务栏　　　　　　　　　　（B）工具栏

　（C）状态栏　　　　　　　　　　（D）任务窗格

3. 在 Word 中选中某个图形，通过"绘图"工具栏上的（ ）按钮可设置图形线条粗细，通过单击（ ）按钮可设置图形的虚线效果。

　（A）线型　　　　　　　　　　　（B）虚线线型

　（C）填充颜色　　　　　　　　　（D）线条颜色

4. 对已建立的页眉/页脚，如果要打开它可以双击（ ）。

　（A）文本区　　　　　　　　　　（B）页眉页脚区

　（C）菜单区　　　　　　　　　　（D）工具栏区

5. 关于打印操作，下列说法不正确的是（ ）。

　（A）打印文档时可以选择打印的范围

　（B）打印文档可以打印成纸张，也可以打印成电脑中的文件

　（C）打印文档之前一定要进行页面设置，否则将无法打印

　（D）可以同时打印多份文档

三、简答题

1. 在 Word 2003 中如何快速打开最近使用过的文档？

2. 什么是段落缩进？如何设置段落的缩进？

3. 怎样对文档添加边框和底纹？

4. 如何在表格中插入行、列各单元格？

5. 怎样设置首字下沉效果？

四、上机操作题

1. 设置 Word "自动保存"的时间间隔为 5 分钟。

2. 新建一篇 Word 文档，在其中用两种以上的输入法输入一段文字，然后保存到 E 驱动器的 Work 文件夹（创建该文件夹）中，并命名为"我的第一篇文档"。

3．按照下列要求创建一个课程表：

（1）进入 Word 编辑环境，建立一个名为"课程表"的空文档。

（2）选择一种熟悉的五笔汉字输入法。

（3）制作一个 8×7 的空表格。

（4）在表格内填入每日的课程。

（5）表头要有斜线。

（6）表中"周一至周五"用黑体三号字，"课程"用宋体四号字。

（7）所有的字都要垂直居中和水平居中。

（8）将表格按上、下午拆分成两个表。

（9）用边框和颜色修饰表格。

（10）写出一段名言作为你的座右铭，将所做表格置于其中，使字符环绕。

（11）打印制作完成的课程表。

（12）存盘，退出系统。